早疫病

霜　害

立体多层试管薯诱导

试管薯单瓶结薯状况

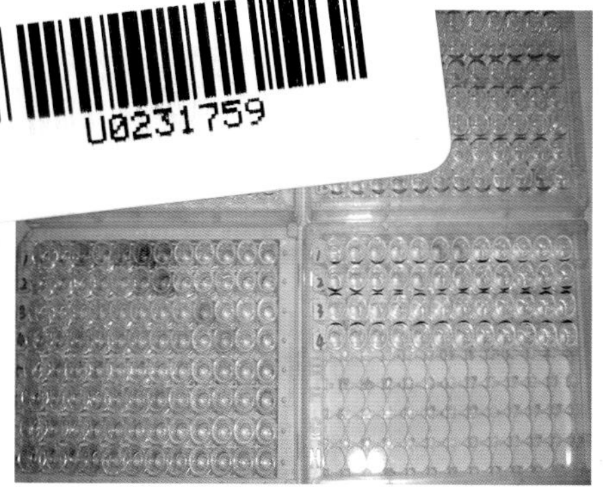

ELISA 病毒检测酶标板
显色结果

培养中的马铃薯脱毒苗

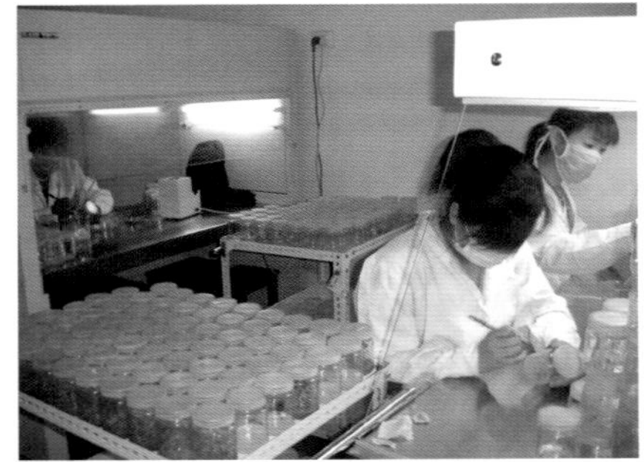

快速繁殖马铃薯脱毒苗

茎尖剥离初期生长状况

马铃薯试管苗

马铃薯扦插苗

基质栽培单株结薯

基质栽培二次采收

育苗筐生产微型薯

苗床生产微型薯（喷灌）

喷雾栽培地上表现

喷雾栽培基础瓶苗

喷雾栽培打顶整根

喷雾栽培槽体及管道

喷雾栽培生产的微型薯

喷雾栽培前期根系
及匍匐茎状况

北方脱毒种薯繁育

喷雾栽培结薯状况

网棚繁育脱毒马铃薯原种

提高马铃薯脱毒种薯生产效益技术问答

主　编

庞淑敏

编著者

方贯娜　赵小中

吴兴泉　别志伟

金　盾　出　版　社

内 容 提 要

本书由郑州市蔬菜研究所专家编著。内容包括：马铃薯产业与脱毒种薯，影响马铃薯脱毒种薯生产效益的关键因素，脱毒技术与马铃薯脱毒种薯生产，病毒及类病毒检测技术与马铃薯脱毒种薯生产，繁育技术与马铃薯脱毒种薯生产，栽培区域与马铃薯脱毒种薯生产，病虫害防治与马铃薯脱毒种薯生产，采收贮运与马铃薯脱毒种薯生产，农业标准化生产与马铃薯脱毒种薯。本书注重实用性和可操作性，内容丰富翔实，文字通俗易懂，可供广大农民、农业技术推广人员以及农业院校师生阅读参考。

图书在版编目(CIP)数据

提高马铃薯脱毒种薯生产效益技术问答/庞淑敏主编．—北京：金盾出版社，2018.12

ISBN 978-7-5186-1307-6

Ⅰ.①提…　Ⅱ.①庞…　Ⅲ.①马铃薯—脱毒—种薯—良种繁育—问题解答　Ⅳ.①S532.03-44

中国版本图书馆 CIP 数据核字(2017)第 115448 号

金盾出版社出版、总发行

北京太平路 5 号(地铁万寿路站往南)

邮政编码：100036　电话：68214039　83219215

传真：68276683　网址：www.jdcbs.cn

双峰印刷装订有限公司印刷、装订

各地新华书店经销

开本：850×1168 1/32　印张：7　彩页：4　字数：172 千字

2018 年 12 月第 1 版第 1 次印刷

印数：1～5 000 定价：21.00 元

目　录

一、马铃薯产业与脱毒种薯

1. 我国马铃薯产业的现状与发展前景是什么?

马铃薯原产于南美洲安第斯山山区和中美洲的墨西哥两个地区,由于马铃薯适应性广,宜粮宜菜,营养全面,在当前保障粮食安全、提高能源安全与帮助农民脱贫致富等多个方面发挥了巨大的的作用,因此,马铃薯产业在世界各国,尤其是发展中国家都受到重视,种植面积趋于稳定,是世界第三大粮食作物。马铃薯产业最突出的特点是产业结构分明,产业链条较长。马铃薯产业结构包括种薯生产、鲜薯生产、加工原料薯生产,它的产业链条从种薯的繁育到不同类型产品的生产,再到后期的加工业发展,构成了一个典型的经济作物大产业的循环,因此发展前景广阔。

马铃薯于明朝万历年间(1573—1620)引入中国,发展至今,已经成为我国第五大粮食作物,而我们国家也已经成为马铃薯种植第一大国。根据《中国农业年鉴》数据显示,我国马铃薯种植面积从 2007—2011 年五年内,持续增长,到 2011 年,马铃薯种植面积已达到 542.4 万公顷,占世界马铃薯总面积的 28.2%。但是,在这五年中,平均单产波动增长,增幅不大,2011 年达到了 16.3 吨/公顷,仍低于世界平均水平 19.4 吨/公顷。

由此可见,我们国家在马铃薯种植水平上仍与世界先进水平存在很大差距,从另一方面说,也就是有很大的提升空间,而这一提高,需要在栽培技术、植物保护技术、栽培机械化程度、栽培标准化程度,特别是脱毒种薯生产等各个生产环节上有所提高才能够最终实现。

2. 什么是马铃薯的脱毒种薯？它的特点是什么？

简单地说，马铃薯脱毒种薯是通过相关技术手段，脱去所携带的病毒、类病毒的种薯。它的优点是解决了种薯退化问题，恢复和保持了优良品种的所有优良性状，最突出的表现就是在产量上的大幅提高，同时在品质性状方面保持了优良品种育成时的最好状态，这些特点使得马铃薯优良品种能够长期在生产上应用。它的缺点有两个方面，首先是技术环节多，对设备、环境要求高、依赖性强，因此科研投入高；其次是脱毒种薯一次脱毒不能终身受用，经过几代繁育后仍然会感染病毒、类病毒，这又从另一层面，增加了生产者在种薯上的投入。但是，这些并没有影响脱毒种薯在生产上应用的不断扩大，目前世界各国都把脱毒种薯的应用作为提高马铃薯生产效益的重要环节。

3. 脱毒种薯在马铃薯产业发展中发挥着怎样的作用？

脱毒种薯在马铃薯产业中发挥了两方面的作用，其中最主要的作用是保障了优良品种在生产上长期发挥作用，这对于育种相对比较困难的马铃薯而言是至关重要的。众所周知，马铃薯是无性繁殖作物，由于用来繁殖后代的种薯是水分多而且营养丰富的新鲜块茎，因此，比其他谷类作物更容易携带和积累诸如病毒、类病毒、真菌、细菌等病原，并随着下一代的繁育而传播。真菌和细菌病害能够通过化学方法防治而解决，危害只在当代表现，病原菌不能积累造成品种退化；而病毒病目前在世界上还没有发现有较好的化学方法来进行防治，病毒可以通过种薯无性繁殖过程逐代增殖、积累，从而导致品种退化，并在生产上表现出相应的病毒病和类病毒病症状，如花叶、卷叶、矮缩、畸形等，这使马铃薯的产量大幅度降低，品质也大幅下降，商品性和效益受到严重影响，从而使马铃薯品种失去优良种性，无法长期在生产上应用。通过生物技术和其他技术手段获得不带病毒、类病毒的脱毒种薯，从根本上解决了这一问题。因此，脱毒种薯被广泛应用于世界各国的马铃薯生产中。

另外，在马铃薯育种方面，脱毒种薯也发挥了重要的作用。马铃薯为异源四倍体，遗传规律复杂，杂交育种相对困难，在新品种选育过程中，杂交后代又需要几代的无性选育才能获得新品种，在无性选育过程的合适阶段，引入脱毒种薯，可以更加准确有效地对新品种进行选育。

4. 我国脱毒种薯生产现状与存在问题是什么?

我国是马铃薯种植第一大国，种植面积居世界第一，但单产水平在世界平均水平之下，其中一个重要的原因就是脱毒种薯生产不规范，应用面积不大。据不完全统计，我国 20 多个省、市、自治区，合格的脱毒种薯应用面积不足总面积的 25%。这个数据说明脱毒种薯的应用空间依然很大，应用前景依然广阔。

我国在脱毒种薯应用方面主要存在三大问题。

第一，脱毒种薯生产成本高。由于脱毒种薯生产环节多，前期对生产设备、人工投入多，后期繁育体系管理投入大，这样就造成了种薯生产成本高，影响了马铃薯脱毒种薯的大面积应用。近几年，我们国家很多地区实行了脱毒种薯政府补贴政策，对马铃薯脱毒种薯的应用有所促进。

第二，脱毒微型薯产能过剩，用于商品薯生产的种薯生产规模小，这种不协调的生产体系，严重影响了脱毒种薯的推广应用。由于种薯生产体系缺少权威管理部门宏观的组织规划和管理协调，投入主要在劳动力需求多、耗能大的组织培养和微型薯生产环节，而对大田繁育基地建设、种薯标准化生产技术体系和质量监控技术缺乏相应的重视，因而，出现了微型薯产能过剩，而规模化的种薯生产企业每年种植面积仅有 5.3 万公顷，只能满足现有总面积需求量的 10%。

第三，脱毒种薯质量缺乏有效和有序的监控、监测和评价系统，同时，种薯市场流通方面也没有相应有效的监管制度，使得种薯质量难以控制。尽管我们国家相继出台了一系列种薯质量标准和规程，但是在实际生产中，行业管理部门，难以渗入到马铃薯脱毒种薯生产的每个环节中进行监管和监测，因此，难以执行国家的质量标准和规程，难以保障种薯的质量。

5. 我国马铃薯脱毒种薯的发展方向是什么？

马铃薯脱毒种薯虽然已经成熟地应用于生产，应用效果得到了广泛认可，但目前推广应用的面积还达不到应有的规模，解决这一不协调局面，笔者认为需要从以下两个方面着手。

首先，在组织培养脱毒技术和原种繁育技术上，进一步围绕降低成本提高效益进行研究改良。科研人员在近几年里不断进行尝试，并初见成效。例如，植物开放式组织培养的技术突破了传统组织培养对无菌环境、仪器设备、电能和操作技术的依赖，使低成本的脱毒苗快速繁殖成功；试管薯繁育技术突破了组培苗扦插带来的弊端，实现了立体、周年、可控的生产；喷雾栽培技术有效地提高了单株结薯率，延长了结薯期，从而减少了脱毒苗的大量生产；超低温脱毒技术为马铃薯脱毒提供了另一条技术途径。这些技术中部分已应用于生产，但这些技术体系中都有一些关键点需要突破，某些技术环节仍需要进一步研究和改良，才能更好地与马铃薯大产业原种生产的需求相协调，最终真正走向生产。

其次，种薯生产基地建设方面，需要在政府相关部门的协调下，建立健全监管机制，加强监管力度，制定量化的可操作的基地建设种薯生产标准，对基地隔离环境、使用原种的质量、栽培管理规范程度等影响种薯质量的重要因素做明确规定，同时建立各基地种薯质量追踪体系，实现产前、产中和产后全程质量监查。这是基地建设管理的理想状态，要真正实现这一状态，需要政府监管部门下大功夫，需要种薯生产企业提高质量竞争意识，提高生产管理技术，提高自身监管力度，最终通过市场的考验，真正达到优胜劣汰。

6. 如何客观认识马铃薯脱毒种薯？

脱毒马铃薯是农业生物技术的产物。目前，马铃薯脱毒种薯越来越被广泛地应用到生产中，并为马铃薯种植者所重视，在马铃薯产业发展中发挥着重要作用。脱毒种薯的推广和应用已经成为马铃薯生产的发展趋势，但还有很大一部分种植者对马铃薯脱毒种薯的优势及应用方面缺乏客观认识，在生产实践中，也不能正确应用脱毒种薯，因而不能把脱毒种薯的增产增收效果发挥出来。

正确的应用来源于客观的认识，所以种植者首先要客观认识脱毒马铃薯的增产潜力。从前面几个问题的阐述，我们已经对脱毒种薯有了一个基本的认识，其中一个最吸引生产者的认识就是脱毒种薯可以增产增收。但要认识到，脱毒种薯的种种优势，是基于优良品种本身的遗传特性，脱毒技术只是保障了优良品种充分发挥其本身的遗传特性，排除病毒病对生产的困扰。也就是说，脱毒的过程仅仅是一个复壮的过程，一个品种如果自身遗传性状中没有高产，没有高商品率，即便同样经过脱毒，依然不能改变原有品种的这些缺点。由此可见，脱毒技术是有限的，它不能从根本上改良一个品种，而只是恢复保障了一个优良品种本身带有的优良特性。

另一个应该客观认识的是脱毒种薯的增产幅度。增产幅度是一个相对而言的概念，没有对照就没有增幅。对于脱毒种薯而言，增产幅度小的只有20%～30%，大的则可以超过100%。脱毒种薯增产幅度的大小，取决于下列因素。

第一，品种的抗病毒能力。抗病育种一直以来都是重要的育种目标，随着育种技术，尤其是分子育种技术的发展，一些对病毒病有抗性的品种将逐步育成并应用于生产。对于一些抗性较强、退化较慢的品种，脱毒种薯的增产幅度相对较低。

第二，对照种薯病毒性退化的严重程度。对照种薯退化严重的，脱毒薯增产幅度大；反之，则增产幅度小。栽培条件好的脱毒薯能充分发挥增产作用，而患病毒病的种薯，条件再好也不能高产。

第三，脱毒薯种植的年限长短。种植时间短的脱毒薯，因被病毒侵染的机会少，仍保持较高的产量水平。反之，脱毒薯种植年限长，病毒感染的机会多，病株逐渐增多，甚至有多种病毒侵染，逐渐接近未脱毒的种薯，增产幅度必然减小。

第四，脱毒薯生产是否因地制宜地采取了保种措施。如一季作地区结合夏播留种，二季作地区结合春阳畦，晚秋播种或春季早种早收、整薯播种、喷药防虫、拔除病株等技术。若保种措施做得好，脱毒薯就能起到较长的增产作用，增产幅度大；反之，脱毒薯也会很快发生病毒性退化，失去增产作用。

7. 如何正确应用马铃薯脱毒种薯？

在客观认识马铃薯脱毒种薯的基础上，应用脱毒种薯时要注意以下三方面的问题。

第一，种植马铃薯脱毒种薯，仍要进行必要的病害防治。脱毒种薯仅仅是通过一定的技术手段脱去了种薯携带的大部分病毒，避免了病毒病的危害，而它对其他真菌、细菌病害并没有产生抗性，在生长期间仍要进行必要的病虫害的综合防治，避免其他病害给生产带来损失。

第二，马铃薯脱毒种薯的增产效果不是永久性的，脱毒的马铃薯只是采用生物技术手段把病毒脱去，并不能使马铃薯对病毒病产生抗性或永久的免疫性，要提高马铃薯品种对病毒的抵抗能力只有通过抗病育种获得。在脱毒苗和脱毒原种的繁殖过程中，如果不采取相应防蚜虫防退化措施，病毒仍会再次侵染脱过病毒的植株，因此，需对脱毒种薯的繁育要求有严格的繁育规程和完善的种薯繁育体系。

脱毒种薯进入大田生产以后，马铃薯被病毒侵染机会更多，发生病毒性退化的可能性很大。有资料显示，脱毒后的植株退化的速度比未脱毒前该品种的退化速度更快，特别是二季作地区，有翅蚜在春夏之交大量迁飞危害植株，且病毒传播非常普遍。同时，菜区的茄子、辣椒、番茄、黄瓜等蔬菜的病毒均可侵染马铃薯。脱毒种薯只能在当季可以达到显著的增产效果，继续留种必然会使种薯退化，造成大幅减产，严重影响效益。因此，不提倡种植者利用脱毒薯继续自行留种，要坚持每年换种，才能保证高产稳产。购买调运脱毒薯时，应了解脱毒薯繁殖代数，以免引入退化了的脱毒薯，造成减产。

第三，脱毒种薯的增产同样依赖于合理的栽培管理措施，包括品种的选择、各地区不同的综合栽培模式等。实践证明，在马铃薯种植区即使采用了脱毒种薯，但是不进行耕作方式和栽培技术的研究和改进，只按常规方法种植，那么脱毒良种应有的增产潜力也不能完全发挥出来。因此，既要采用脱毒种薯，摒弃对脱毒马铃薯认识的误区，又要注意丰产栽培技术（良种良法配套），才能达到脱毒马铃薯高产、优质、高效益的目的。

二、影响马铃薯脱毒种薯生产效益的关键因素

1. 影响马铃薯脱毒种薯生产效益的关键因素是什么?

对于任何一项农业生产,影响其生产效益的关键因素不外乎三个方面,即质量、产量和市场营销。而对于不同种类的农业生产,这三个因素的内涵又不尽相同。在马铃薯脱毒种薯生产中,质量是影响生产效益至关重要的因素,因为脱毒种薯的质量对马铃薯产量影响显著。总结脱毒马铃薯的质量评定指标,主要包括两方面,首要指标是种性,即种薯的内在品质,其次是种薯的外观品质,包括了纯度、受损程度等一些物理指标。马铃薯脱毒种薯的生产要经过脱毒苗的获得、脱毒株系的筛选、脱毒苗的快速繁殖、微型薯(原原种)的生产、脱毒种薯的生产繁育等多个环节,每个环节都可以独立进行,但脱毒种薯的质量却是一脉相承的。也就是说,不论哪个环节质量没有把控好,都会对种薯生产的产量和效益造成不良的影响。

在马铃薯脱毒种薯的生产过程中,种植者要围绕它突出的两个特点来提高效益,第一个特点是马铃薯是无性繁殖作物,它是用新鲜的薯块作为种用的,这就意味着马铃薯种薯生产与商品薯生产追求高产的生产措施是基本一致的;第二个特点是脱毒种薯较易退化,这需要种植者在关注种植产量的同时,应当更加关注生产全过程中的对脱毒种薯质量的控制,在这一点上,与马铃薯商品薯

生产相比又有很大的不同，这就要求在脱毒原种质量的考量、脱毒种薯生产环节，以及贮运环节，围绕保护脱毒种薯优良种性采取相应的技术措施。以上两个因素是本书重点讲解的内容。关于市场营销对效益的影响越来越受到重视，尤其是对于种植业，市场流通环节多，管理相对于工业产品要复杂困难得多，如何在复杂的难以管理的市场流通中应用现代营销技术，让自己种的好的脱毒种薯物有所值，也是一门非常重要和有趣的学科，值得种薯销售企业深入研究和实践。

2. 脱毒技术与马铃薯脱毒种薯生产的关系是什么？

脱毒技术直接决定了脱毒种薯的源头——脱毒苗的质量，如果脱毒技术出了问题，脱毒苗的质量就无法保障，也就不存在所谓的脱毒种薯的生产了。因此，脱毒技术是保障脱毒种薯生产质量的基础，也是保障生产效益的基础。脱毒技术对脱毒种薯生产效益的影响表现在两个方面，一方面是脱毒技术的好坏，直接影响脱毒率的高低，目前马铃薯脱毒技术基本依赖于茎尖组织培养脱毒技术，较好的脱毒技术可以提高茎尖组培苗的脱毒率，缩短脱毒周期，降低了脱毒技术成本，从脱毒苗上获得了脱毒生产的效益。另一方面，脱毒技术的好坏，直接影响了脱毒种苗的质量。脱毒苗的质量表现为两个方面，一是是否和原有优良品种遗传基础一致，二是病毒脱得干净不干净。成熟的脱毒技术在保有原来品种性状的同时，能尽量干净地脱掉病毒（病毒检测数据不仅达到脱毒苗检测的临界值，而且趋于最小），从质量上保障了生产效益。

3. 病毒(类病毒)检测技术与马铃薯脱毒种薯生产的关系是什么?

病毒(类病毒)检测技术是马铃薯脱毒种薯生产全过程中不可缺少的技术手段,是衡量脱毒种薯质量的标尺,由此可以显示其在脱毒种薯生产繁育中的重要性。严格讲,脱毒马铃薯生产的各个环节都应当进行相应的病毒检测,但在实际生产中病毒检测技术主要应用于试管苗环节,这也是目前我们国家脱毒种薯监测技术的问题所在。

病毒(类病毒)检测技术是很多不做脱毒这一技术环节的脱毒种薯繁育单位和繁育者很少了解的部分,他们更多地依赖或信赖于相关检测部门的检测,但笔者认为生产者对这一技术的了解很有必要,这些知识可以帮助种植者根据自己生产的需要,有选择地、更有效地进行检测,因此,本书在第四部分针对马铃薯病毒(类病毒)检测相关的技术做了简要的总结,以期对脱毒种薯生产者有所帮助。

4. 繁育技术与马铃薯脱毒种薯生产的关系是什么?

马铃薯繁育技术是决定马铃薯脱毒种薯生产效益高低的重要因素,是脱毒技术通过产业化应用实现其价值的桥梁。脱毒技术虽然是决定脱毒种薯质量的基础,但是没有后期繁育技术做保障,脱毒种薯的质量将会失控,脱毒技术的价值就不能得以体现,而生产者的效益也将受到损失。需要重点指出的是,马铃薯繁育体系在技术方面总的原则是,在保障各级脱毒种薯质量的基础上,围绕降低成本、提高产量和质量做相应工作。目前,应用较多的马铃薯脱毒种薯繁育体系包括脱毒微型薯的繁育、脱毒原种的繁育、脱毒生产种的繁育，每个环节都有相应的栽培技术要求、管理技术要求和环境管理要求，本书在以后的问题中会作重点讲解。

5. 栽培区域与马铃薯脱毒种薯生产的关系是什么？

马铃薯栽培区域是指在我国千差万别的气候环境条件下逐步形成的各具特点的马铃薯栽培的地区，包括北方一季作区、中原二季作区、南方二季作区、西南单双季混作区。近些年来，由于保护地栽培模式的发展，各区域在保留传统栽培模式的基础上，栽培方式都有了不同的变化发展。不同栽培区域，适合栽培的品种，马铃薯生产的优势，以及栽培管理体系都有明显的不同，脱毒种薯生产也因此会有很大差别。栽培区域是客观存在的会影响到马铃薯种薯生产的一个不可忽视的因素。因此，综合考虑本地区客观存在的气候环境特点，扬长避短，因地制宜，发展适合本地区特色的马铃薯脱毒种薯生产，是提高马铃薯脱毒种薯生产效益的一个重要方面。

6. 病虫害防治与马铃薯脱毒种薯生产的关系是什么？

在马铃薯脱毒种薯生产中，病虫害防治是不可忽视的环节，因为一方面病虫害是通过影响马铃薯的产量性状、外观性状、品质性状从而影响到种植效益，另一方面更重要的是通过影响马铃薯的健康性状来影响脱毒种薯的种性。因此，在马铃薯脱毒种薯生产中，首先要围绕防止病毒病感染、防止种薯携带传播其他病害来进行相应的病虫害防治工作，其次再围绕增产保效进行病虫害防治。这两个方面虽然是协调一致的，但与商品薯生产相比，则侧重点有所不同。种薯生产侧重的是保持种性，而商品薯生产侧重产量的同时还要兼顾安全性。在脱毒种薯生产中，如何进行科学有效地病虫害防治，达到脱毒种薯生产的要求也是本书重点解决的问题。

7. 采收、贮运与马铃薯脱毒种薯生产的关系是什么？

采收贮运是马铃薯大产业链条中非常重要的环节，在马铃薯的多种用途中，除了菜用之外，作为种薯、加工薯和粮用薯之用时都要进行较长时间的贮藏和长途的运输。对于种薯而言，采收、贮藏、运输三个环节的重要性不亚于前期生产的各个阶段，因为没有采收、贮运的最后保障，种植管理再好的种薯其效益也不能最大限度地实现。需要强调的是，采收、贮藏、运输三个环节是递进式关联的，如果采收不当，就会给贮藏带来困难；如果贮藏不当，就会对运输带来困难，最终都会影响到马铃薯种薯的质量，造成效益大幅降低，对生产者造成损失。在马铃薯脱毒种薯的采收、贮运中，不同区域、不同级别、不同品种虽有不同的措施，但都是以保障种薯质量、减少种薯传播病害为第一要则的。由此可见，协调好温、光、湿、气等因素，对不同区域、不同级别、不同品种的脱毒种薯进行科学的采收、贮运是脱毒种薯生产中不可忽视的保障环节。

8. 农业标准化生产与马铃薯脱毒种薯生产的关系是什么？

农业标准化生产是农业理想化生产状态，是现代农业今后发展的趋势，是运用“统一、简化、协调、优化”的标准化原则，对农业生产的产前、产中和产后全过程，通过制定标准、实施标准和实施监督，来确保农产品的质量和安全，促进农产品的流通，规范农产品的市场秩序，指导生产，引导消费，从而取得良好的经济、社会和生态效益，以达到提高农业生产水平和竞争力为目的的一系列活动过程。农业标准化遵循多项原则，其中最重要的一项是获得最佳效益的原则。由此可见，按照马铃薯脱毒种薯生产的特点制定相应标准，并围绕这些标准，根据马铃薯不同的品种类型，不同的栽培区域特点，不同的栽培模式及不同种薯级别的需求，以提高和保障马铃薯种性质量和生产效益为目的，综合各因素的影响，形成标准化的生产体系，是实现效益最佳化的科学保障，也是提高我国脱毒种薯竞争力，实现与世界马铃薯市场接轨的必经之路。

脱毒马铃薯种薯生产体系环节较多，全面实现标准化生产不仅仅是种植者的问题，更重要的是标准的制定、生产过程和市场流通过程的监管。目前，我们国家颁布了一系列涉及马铃薯种薯的质量标准和规程，本书会对主要的标准规程做较详细地介绍。根据这些标准和规程全面实现标准化生产也许还需要较长的时间，但是标准化生产的发展趋势是不可阻挡的。

9. 如何综合各因素的影响提高马铃薯脱毒种薯的生产效益？

前面几个问题我们泛泛地讨论了影响马铃薯脱毒种薯生产效益的关键因素，以及影响这些因素的各个生产环节。可以看出，马铃薯脱毒种薯生产环节很多，每个生产环节对马铃薯脱毒种薯生产效益的提高都发挥着不可忽视的作用，而且每个环节之间都是递进相关的。只有抓好每个环节的生产，才能保障马铃薯脱毒种薯的质量和产量，最终实现马铃薯脱毒种薯生产效益的最大化。

三、脱毒技术与马铃薯脱毒种薯生产

1. 获得无病毒植株的途径有哪些？各有什么优点和缺点？

由于马铃薯为无性繁殖作物，种薯繁殖过程中会不断积累病毒并传播，而种用薯块是生产中大多数马铃薯病毒的主要来源和传播途径，因此无病毒种薯是保障生产的前提和基础。长期以来，人们通过不断地摸索和实践，总结和发现了以下几种途径来获得马铃薯无病毒植株。

(1)自然选择 在马铃薯生产中，人们通过肉眼观察，选择生长健壮、无病毒病症状的植株，通过严格的病毒鉴定后，获得无病毒或者病毒含量极少的植株，然后经过5～6年的系统选择和繁育，可以获得无病毒种薯。这种自然选择法曾经是种薯生产上产生无病毒植株的最常用方法。这种方法的特点是经过多年有目的的选择，生产出的种薯对病毒病具有一定的抗病性，其退化速度比较慢，但通过选择产生无病毒植株的百分数比较低，选择周期长，局限性也比较大。

(2)物理方法 很多的物理因子，比如X射线、紫外线、超短波和高温都能够使病毒失活，利用这些因子处理马铃薯种薯，可以达到脱除病毒获得脱毒种薯的目的。目前，热处理是物理学方法中最有效的一种方法。1950年，英国人卡萨尼斯用高温处理马铃薯块茎，发现经过37.5℃温度处理20天以后，有些薯块中的马铃薯卷叶病毒消失了，产生了无卷叶症状的植株。在此以后，出现了大量的关于热处理治疗病毒病的报道。热处理方法操作比较简单，但是有很大的局限性，对不同病毒、不同品种的处理效果差异很大，并且热处理能使病毒失活的机制比较复杂，至今尚无定论的解释。

(3)化学方法 人们发现有些化学试剂如硫尿嘧啶可以抑制病毒增殖，达到去除病毒的目的。虽然这些药剂能使病毒在体外失活，却对寄主具有严重的毒害作用，而且研究还发现，大多数药剂很难使体内各部分的病毒全部失活，在药剂效能结束后，残留的病毒还会迅速增殖很快达到原有水平。因此，到目前为止，化学方法治疗病毒病还难以得到有效利用。

(4)组织培养 利用病毒在马铃薯植物体内分布不均匀的原理，通过剥取茎尖分生组织进行培养，并通过病毒检测技术能够获得脱毒植株。通过组织培养和茎尖剥离获得无病毒植株技术，具有周期短、效率高，并能进行工厂化周年生产的特点，现在生产马铃薯的主要国家，几乎都在生产中使用这一技术。

将马铃薯组织离体培养获得愈伤组织，再诱导愈伤组织分化长成植株，可以获得脱毒植株。关于愈伤组织培养脱毒的机理还不太清楚，而且愈伤组织培养脱毒法脱毒效果不稳定。此外，由愈伤组织产生的植株发生不利变异的可能性较大，因此，这种脱毒方法使用的也不多。

(5)超低温脱毒 马铃薯超低温脱毒技术是近几年新兴的一种脱毒技术，是以超低温保存和植物组织培养为基础的一种方法，是物理脱毒法和组织培养相结合的一种技术。超低温脱毒具有周期短、脱毒率高、增值率高等优势，但超低温脱毒后的再生马铃薯植株是否存在变异以及变异的稳定性等还有待进一步研究。

2. 马铃薯茎尖组织培养脱毒的原理是什么?

当马铃薯植株遭受病毒侵染后,其茎尖分生组织处于分化的初级阶段,此时植株体内的病毒颗粒移动到分生区的速度很慢,远不如细胞分裂的速度;同时病毒在寄主体内复制,需要依赖寄主的代谢过程,在寄主代谢旺盛的分生细胞中,病毒与寄主的竞争处于劣势。因此,茎尖分生组织不含病毒或含量很少。另外,茎尖分生组织的生长素浓度通常很高,可以抑制病毒的复制。综合以上因素,在受侵染的马铃薯植株中,病毒的分布是不均匀的,茎尖分生组织不带病毒或带毒量很少。利用这一特性,结合使用钝化病毒的热处理方法,通过剥取茎尖分生组织进行培养获得脱毒植株。目前,除了一些类病毒外,绝大多数植物病毒几乎都能通过茎尖组织培养的方法脱除。经茎尖分生组织培养获得的植株必须经过病毒检测,淘汰带病毒的株系,确认是不带病毒的株系,才能进一步使用。

3. 茎尖脱毒技术能够脱除哪些病毒?

根据已有的研究报道,利用茎尖分生组织培养技术,并不能脱除每一种病毒,与高温处理结合,可以脱除马铃薯卷叶病毒(PLRV)、马铃薯X病毒(PVX)、马铃薯Y病毒(PVY)、马铃薯A病毒(PVA)、马铃薯M病毒(PVM)、马铃薯S病毒(PVS)和马铃薯奥古巴花叶病毒(PVMA)。不同种类的病毒去除难易程度不同,其难易顺序是马铃薯卷叶病毒＜马铃薯A病毒＜马铃薯Y病毒＜马铃薯奥古巴花叶病毒＜马铃薯M病毒＜马铃薯X病毒＜马铃薯S病毒＜马铃薯纺锤块茎类病毒(PSTV)。其中,马铃薯S病毒和马铃薯X病毒,使用常规的茎尖培养方法,所得无病毒植株的概率非常低，经过高温处理，能大大提高获得无病毒植株的概率。马铃薯纺锤块茎类病毒是最难以除去的，用一般的方法很难获得无病毒植株。由于目前大多数栽培种的品种中对马铃薯纺锤块茎类病毒的感染率尚未达到饱和，可以通过田间株选，结合检测技术，筛选出无马铃薯纺锤块茎类病毒的单株，在此基础上，再进行茎尖组织培养，脱除其他病毒。

4. 马铃薯茎尖组织培养脱毒的目标是什么？

茎尖组织培养脱毒是目前应用最广泛而且在生产中取得巨大成功的植物脱毒技术。茎尖脱毒通常是通过在解剖镜下剥取带一个叶原基的马铃薯茎尖分生组织，在特定培养基上进行培养从而获得脱毒植株。茎尖脱毒技术是马铃薯脱毒种薯繁育的基础，其成败直接关系到脱毒快速繁殖技术能否顺利进行。茎尖脱毒技术的成败主要与茎尖的成苗率与脱毒率相关，因此，茎尖脱毒的主要目标如下。

(1)成苗率高　马铃薯茎尖分生组织经过剥离后在培养基上培养，由于分生组织较小，因此成活率往往不高。在进行茎尖培养时，如何提高茎尖成苗率，是关系到茎尖脱毒能否成功的首要问题。

(2)脱毒率高　茎尖培养的主要目的是脱除马铃薯植株内的病毒，因此在保证较高成苗率的同时还要实现较高的脱毒率。脱毒率越高，脱毒效果越好。

(3)变异率低　茎尖组织培养在保证脱除马铃薯病毒的同时，还要避免由于各种因素的影响造成的突变，降低茎尖组织培养过程中马铃薯植株的变异率，保持原有品种的优良品性。

5. 影响茎尖成苗率的关键因素有哪些?

(1)茎尖大小 茎尖大小对茎尖组织培养成苗率有很大影响。剥离茎尖越大,其成活率越高;剥离茎尖越小,越不容易成活,但可以提高脱毒率。剥离茎尖时,一般以带 1～2 个叶原基,大小为 0.1～0.3 毫米,并且尽可能少带生长点邻近组织的情况下,可以在保证成活率的同时脱去大多数病毒。

(2)培养基配方 这个因素是影响茎尖培养成苗率的关键因素。大量的事实已经证明,植物生长调节剂的种类和浓度对茎尖生长和发育起着至关重要的作用,尤以生长素更为突出。另有理论证明,茎尖组织正常生长与钾盐和铵离子浓度有密切关系,适当提高两种盐浓度,有利于茎尖成苗。应当注意的是,不同品种对同一培养基的反应差异很大,而同一品种对不同的培养基反应差异也十分显著。因此,在进行茎尖培养时,应针对每一品种反复试验以筛选确定相应的培养基配方。

(3)品种 品种不同,其茎尖成苗率和成苗时间有很大差异。有的品种成苗率高达 70%～80%,而有的品种仅有 4%左右。有的品种(如郑薯 5 号)从茎尖剥离到成苗仅需要 2 个月的时间,而有的品种(如费乌瑞它)成苗却需要 4～5 个月时间。一般情况下成苗时间长的品种其成苗率相对较低。

(4)操作技术 茎尖剥离工作对操作技术的要求较高,操作技术熟练与否对茎尖的成活率有很大的影响。当剥离茎尖时,如果技术不熟练,往往使茎尖受到损伤、剥离的茎尖不完整或者离体茎尖在空气中暴露时间过长,从而造成茎尖死亡,降低茎尖培养的成活率。

6. 影响茎尖脱毒率的关键因素有哪些?

(1)茎尖大小 马铃薯茎尖培养脱毒的效果与茎尖大小直接相关。剥离的茎尖越小,其脱毒效果越理想,但茎尖的成活率会比较低。

(2)病毒种类 病毒种类不同,茎尖组织培养脱毒的难易有很大差别。病毒脱除从易到难的顺序为马铃薯卷叶病毒、马铃薯A病毒、马铃薯Y病毒、马铃薯奥古巴花叶病毒、马铃薯M病毒、马铃薯X病毒、马铃薯S病毒。以上顺序不是绝对的,会因不同的培养条件和品种而异,而且同一病毒,不同株系也有很大差异。

(3)热处理的使用 热处理也可以提高培养中脱除病毒的能力,但不同病毒对热处理的反应不同。马铃薯卷叶病毒、马铃薯A病毒和马铃薯Y病毒不进行高温预处理,其脱毒率也能够达到80%左右,可以不必进行热处理。但高温预处理,能够显著提高马铃薯奥古巴花叶病毒、马铃薯X病毒和马铃薯S病毒的脱毒效果。

(4)病毒间的干扰 研究发现,去除病毒的难易还受其他病毒的影响。有人发现,只有一种马铃薯X病毒存在时,从茎尖组织培养产生的42株植株中,有34株是无马铃薯X病毒的,但是当植物受马铃薯X病毒及其他病毒复合侵染时,从茎尖组织培养产生的34株植株中只有2株是无马铃薯X病毒的,这就说明病毒之间存在着干扰作用。

(5)病毒抑制剂的使用 化学药剂虽然还未应用于生产,但能用于提高茎尖培养中去除病毒的能力,例如在培养基中加入硫尿嘧啶等病毒抑制剂,能显著提高植株的脱毒效果。

7. 马铃薯组培快速繁殖实验室由哪几个部分组成？

马铃薯组培快速繁殖实验室一般包括准备室(化学实验室)、病毒检测室、接种室和培养室。实验室的面积大小要根据生产试验的规模来确定,尤其是接种室和培养室,要根据一批次生产脱毒苗的数量来确定面积。

(1)准备室 准备室主要进行一些常规的实验操作,比如器具的清洗、母液的制备、培养基制备、灭菌等。如果条件允许,可以将准备室根据功能依次分为称量室、洗涤室、培养基制备室和灭菌室。称量室通常不需要太大,室内设有药品柜和天平台,并且要有各种普通天平和分析天平。称量室要求密闭、干燥,无直射光源。洗涤室主要进行器具的清洗,要求空间比较大,并且要有上下水设施,有较大的水池、洗涤和烘干设施,同时还要设有储存大量培养瓶的橱柜或架子。培养基制备室用于培养基的配制、分装、存放等。室内应有较大的工作台,要有试剂柜、器械柜、冰箱、微波炉、酸度计、灌装机和各种试管、烧杯、容量瓶等。灭菌室主要用于器械、培养基的消毒灭菌。因此,灭菌室要有高压灭菌锅,由于消毒灭菌时要有大量的水蒸气排出,室内需安装通风排气设施,墙面和地面要有防潮和耐高温的功能。如果实验室规模比较小,各种条件不具备时,以上各室可根据具体情况,本着方便易操作的原则进行适当合并。

(2)病毒检测室 病毒检测室主要进行茎尖组培苗的病毒检测工作,该室要有防酸防碱的工作台面,要有进行实验操作的各种烧杯、容量瓶、量筒等基本器具,主要仪器有天平、酶联检测仪、离心机、干燥器和进行分子生物学检测的各种仪器等。

(3)接种室 接种室也称无菌操作室,通常由里外两间组成,外间面积可小一些，做缓冲间，主要用于做准备工作如更衣、换鞋等，缓冲间也可临时存放一些培养基、消毒液等。里间为接种间，应设有超净工作台，工作台的数量根据工作量和接种室大小而定。接种室的工作主要是无菌操作，虽然是在超净工作台上完成，但接种室仍要求特别干净，应制备消毒用的紫外灯和换气、控温设备。接种室要求地面、墙壁光滑，便于经常清洗和消毒，一般采用耐酸碱的材料装修，避免消毒剂的腐蚀。室内除摆放超净工作台外，还可摆放器械柜，用于存放接种用的工具、乙醇、培养基等。

(4)培养室 植物材料接种后要放到培养室中培养，培养室的大小可根据实验室规模而定。培养室最好隔成几个小间，以满足不同试验对不同培养条件和培养方式的要求。培养室要求清洁，保证植物材料在培养过程中不被污染。培养室的温度、湿度和光照一般是可以调控的，尤其是温度要求均匀一致，一般保持在25℃左右，可利用空调进行调控。室内湿度要求恒定，相对湿度应保持在70%～80%，可安装加湿器进行湿度调控。培养室应设有培养架，以便利用立体空间，培养架高度根据培养室高度而定，每层培养架安装2～3根日光灯作为光源，光照时间可利用自动定时开关控制，每天光照时间10～16个小时。现代组培实验室大多采用太阳光照，不但可以节省能源，而且组培苗接受太阳光生长良好，驯化易成活。在阴雨天可利用灯光做补充。

8. 马铃薯组培快速繁殖需要哪些常用仪器和设备？

马铃薯组培快速繁殖通常由培养基制备与灭菌、接种、培养、病毒检测四大环节组成。每个环节的仪器和设备较多，但有些仪器设备是必不可少的，而有些仪器设备可根据试验规模、实验内容和资金情况酌情购置。

(1)必备仪器设备

①冰箱　主要用于试剂、母液贮藏和实验材料的处理与保存。

②微波炉　用来熬制培养基,也可用电磁炉、电饭煲等其他加热设备来代替。

③天平　用来称量药品。天平分为普通天平和分析天平,普通天平用来称取量大的药品,如大量元素、琼脂、糖分等,分析天平用来称取微量元素、激素等。

④高压灭菌器　用于培养基、器械等的灭菌,有大型卧式、中型立式和小型手提式等多种,可根据生产规模的大小来选用。

⑤过滤灭菌器　对于有些不耐高压和高温的生物有机活性物质和化学试剂,可采用过滤灭菌器进行灭菌。过滤灭菌器主要利用微孔滤膜滤掉微生物以达到无菌的目的。

⑥超净工作台　超净工作台是目前最普及的无菌操作装置。一般有单人单面、双人单面或双人双面3种类型,同时根据送风方向可分为垂直式和水平式2种。超净工作台主要是通过风机送风,送入的空气经过过滤装置滤除各种微生物,再进入工作台,使工作台内的空气无菌。工作台使用过久会引起滤膜堵塞,应及时清洗和更换过滤器。

⑦解剖镜　主要用于剥离马铃薯茎尖。

⑧培养器皿　主要用来盛放培养基和生长接种材料,一般需求量比较大,培养器皿要求透光性好、耐高压高温。根据培养目的和要求不同可分别选择试管、培养皿、三角瓶和罐头瓶、PC塑料瓶等。培养器皿可用多种方法封口,防止培养基干燥和杂菌污染。传统的封口方法是用棉塞,有时在棉塞外包上一层纱布或牛皮纸,用橡皮筋或绳子扎紧,可反复多次使用比较经济。目前广泛使用的还有封口膜和厂家生产培养瓶时用塑料做成的配套瓶盖等,高分子材料制成的"PARAFILM"封口膜适用于培养皿封口。

⑨计量器皿　配制化学试剂、母液、培养基等,需要用计量器

皿，如各种容量的容量瓶、量筒、量杯等。

⑩盛装器皿　主要有用于盛装试剂和母液，包括各种规格的试剂瓶、大小不等的烧杯和用来称量药品和消毒外植体的容器，同时还包括用来熬制培养基的锅，如不锈钢锅或微波炉专用锅等。

⑪接种工具　常用的接种工具主要有剪刀、镊子、解剖刀、接种针、接种工具架、玻璃板、喷壶、脱脂棉、烧杯、工作服、口罩、帽子、手套、周转车等。镊子有枪形镊、弯头镊、尖头镊和直形镊等，并且每种类型都有不同型号，可根据接种类型和培养瓶的大小进行选择。剪刀采用医疗上常用的手术剪刀，可根据需要选用不同型号和类型的。

⑫培养架　为了更好地利用空间，在培养室内设置摆放培养瓶的架子即培养架。培养架应考虑使用方便并能充分利用空间。培养架可用金属或木料制作，层与层之间用玻璃或木板做隔板。培养架可设计成固定或移动的，并根据培养室的具体情况，如培养瓶的大小、高矮、多少，来调节培养架的大小、宽窄和每层之间的距离。培养架要安装日光灯为培养材料提供光源。

另外，根据需要，还应有药匙、玻璃棒、称量纸、滴瓶、pH 试纸等实验室必备物品。培养室、接种室还必须安装用来调节温度的空调装备和用来消毒的紫外灯等。

(2)可配仪器设备

①酸度计　测量培养基的 pH 值，可根据需要购买笔式、便携式或台式酸度计。

②移液管或移液器　用于吸取各种母液和植物生长调节剂溶液。移液管或移液器规格较多，可根据需要进行购买。

③纯水机　用来制备试验所用的纯水。

④磁力搅拌器　配制母液时使用，用来加速药品的溶解。

⑤培养基灌装机　一些大型实验室需要批量配制培养基时，可采用培养基灌装机，灌装机可以集培养基熬制、分装于一体，操

作简单方便而且效率较高。

⑥干燥箱　烘干洗净的玻璃器皿。

⑦洗瓶机　大量生产时，用于清洗剥离器皿，省工省时，非常方便。

⑧超声波清洗机　由于超声波清洗机容量有限，只用于清洗较小的玻璃器皿，它对顽固污渍和性状不规则的物品清洗效果非常好。

⑨消毒器　主要用于接种工具的消毒。

⑩摇床　主要用于材料的振荡培养。

⑪光照培养箱　用来进行少量材料的培养。

⑫抽湿机　用于降低接种室或培养室内的湿度。

⑬病毒检测仪器　目前生产上主要使用的马铃薯病毒检测的方法有血清学检测法和分子生物学检测法，所需要的仪器设备为离心机、酶联检测仪、洗板机、PCR、电泳仪和配套的试剂盒、离心管等。由于病毒检测程序复杂，对操作技术要求较高，因此实验室可根据实际情况酌情购置，也可将待检测材料委托专门的检测机构进行检测。

9. 什么是培养基？什么是基本培养基？马铃薯茎尖组织培养常用的基本培养基有哪些？

培养基是决定组织培养成败的关键因素之一。培养基不仅是养分供应体，还是生长支撑体，是培养的离体材料赖以生存和发展的基础。因此，了解培养基的组成并筛选合适的培养基在组织培养中非常重要。用于植物组织培养的培养基，其主要成分包括大量元素、微量元素、有机成分和糖。不同组织的培养基，相同组织不同阶段的培养基成分是不相同的。培养基中还须附加植物生长调节物质，所附加的种类和浓度因实验目的和材料的不同而异。

基本培养基是指经过前人大量研究和后人长期实践改良总结出来的常规培养基配方。基本培养基要具备两个特点,一是广谱,即适应的植物组织较广;二是有效,即培养效果好。基本培养基一般仅包含大量元素、微量元素、有机成分和糖,不添加植物生长调节物质。自1937年,美国科学家怀特(White)建立了第一个植物组织培养的培养基以来,很多学者对培养基成分进行了较为广泛的研究,形成了较多的基本培养基类型。目前,使用最为广泛的基本培养基是MS培养基,其特点是无机盐的浓度较高,硝酸盐和铵盐含量高且比例合适,微量元素种类比较齐全,铁盐稳定,并含有植物所需的有机成分,因此适用于多种植物组培。White和Tukey培养基的无机盐含量比较低,主要适用于胚培养和诱导生根。B5培养基主要特点是含有较低的铵盐,对双子叶植物特别是木本植物更适合生长。N6培养基是1974年由我国科学家朱至清研究设计的,现已广泛应用于小麦、水稻及其他植物花粉和花药培养。

经多次试验证明,适用于马铃薯茎尖组织培养的基本培养基主要为MS培养基,在基本培养基的基础上添加不同种类和浓度的植物生长调节剂,这些植物生长调节剂主要包括细胞分裂素和生长素等,其种类和浓度因马铃薯基因型不同而略有差异。

10. 马铃薯组培快速繁殖中使用的主要植物生长调节剂有哪些?作用是什么?

植物生长调节剂是指通过化学方法人工合成的,具有与植物激素类似的生理功能,对植物的生长发育起重要的调节作用的一类化学物质。目前,在生产上大量应用的植物生长调节物质一般不是天然的植物激素,而是人工合成的植物生长调节剂。植物生长调节剂虽然在组织培养中用量很小,但其作用较大,有的可以促进植物生长，有的可以抑制植物生长，不仅可以诱导不定芽、不定胚的形成，还可以促进植物组织脱分化，形成愈伤组织等。在马铃薯组培快速繁殖中，经常使用的植物生长调节剂主要有生长素和细胞分裂素，有的还使用了赤霉素等。

(1)细胞分裂素 细胞分裂素包括激动素(KT)、6-苄基腺嘌呤(6-BA、BA、BAP)、玉米素(ZT、Z)和异戊烯腺嘌呤(Zip)等，都是腺嘌呤的衍生物。细胞分裂素在植物体内的功能主要是促进细胞分裂和器官分化，终止种子和芽的休眠，打破顶端优势，延缓衰老。细胞分裂素在马铃薯组培快速繁殖中的主要作用是促进细胞分裂和分化，诱导不定芽的形成。

(2)生长素 在马铃薯组培快速繁殖中常用的生长素主要有吲哚乙酸(IAA)、吲哚丁酸(IBA)、萘乙酸(NAA)和2,4-二氯苯氧乙酸(2,4-D)等。生长素主要的生理作用是促进细胞分裂与伸长。在组织培养中添加生长素的目的是促进离体细胞分裂形成胚状体、芽或愈伤组织，或者是诱导试管苗生根。

(3)赤霉素 赤霉素在植物体的主要作用是加速细胞的伸长生长和打破休眠，在马铃薯组织培养时主要用于诱导离体芽的萌发和伸长。赤霉素在马铃薯组织培养中较生长素和细胞分类素使用较少，常用的赤霉素种类为GA3。

11. 什么是培养基母液？如何配制MS培养基母液？

在组织培养数量大，特别是工厂化生产时，为了操作方便，将培养基中各种成分，按原量的10倍、100倍或1 000倍称量，配成浓缩液，这种浓缩液叫作母液。用时再稀释10倍、100倍或1 000倍，即成培养液。MS培养基母液配制见表1。

表 1　MS 培养基母液配制

种类	成　分	规定量（毫克）	扩大倍数	称取量（毫克）	母液体积（毫升）	1 升培养基吸取量（毫升）
大量元素	KNO_3	1 900		19 000		
	NH_4NO_3	1 650		16 500		
	$MgSO_4 \cdot 7H_2O$	370	10	3 700	1 000	100
	KH_2PO_4	170		1 700		
	$CaCl_2 \cdot 2H_2O$	440		4 400		
微量元素	$MnSO_4 \cdot 4H_2O$	22.3		2 230		
	$ZnSO_4 \cdot 7H_2O$	8.6		860		
	H_3BO_3	6.2		620		
	KI	0.83	100	83	1 000	100
	$Na_2MoO_4 \cdot 2H_2O$	0.25		25		
	$CuSO_4 \cdot 5H_2O$	0.025		2.5		
	$CoCl_2 \cdot 6H_2O$	0.025		2.5		
铁盐	Na_2-EDTA	37.3	100	3 730	1 000	10
	$FeSO_4 \cdot 4H_2O$	27.8		2 728		
有机成分	甘氨酸	2.0		100		
	盐酸硫胺素	0.1		5		
	盐酸吡哆醇	0.5	100	10	500	10
	烟酸	0.5		25		
	肌醇	100		5 000		

(1)大量元素母液　配制时各种试剂按照表 1 顺序以其 10 倍量称量并溶解后，按先后顺序依次混合，前 4 种试剂加在一起不会产生沉淀，而后加水到将近 900 毫升时再将溶解后的 $CaCl_2$ ·

$2H_2O$ 溶液近 100 毫升倒入，定容至 1 000 毫升，这样可避免 Ca^{2+} 和 PO_4^{3-} 在高浓度下相遇产生沉淀。

(2) 微量元素母液 可按表 1 配成 100 倍液，按顺序分别称量溶解，混合后定容至 1 000 毫升备用。铁盐与其他母液混合易产生沉淀，因此，铁盐必须单独配制。铁盐母液配成 100 倍液，溶解定容后应储存在棕色试剂瓶中。

(3) 有机成分 一般也可配成 100 倍液使用。在工厂化生产时，几个有机成分可以混在一起使用，但如果生产量较少，有机成分最好单独配制，因为几种有机成分混在一起后，浓度较易发生霉变。

(4) 植物生长调节剂 一般都不能直接溶于水，其配方也有不同。生长素一般先用 95％乙醇溶解，再用蒸馏水定容。2,4-D 可用少量 1 摩/升 NaOH 溶解，再用水定容。细胞分裂素一般溶解于稀酸或稀碱溶液，配制时，先用稀酸或稀碱溶解，再用蒸馏水定容。植物生长调节剂由于用量比较小，一般母液配置量不宜过多，配置好后应置冰箱中低温避光保存。

12. 培养基制备的主要步骤是什么？

培养基中所需的大量元素、微量元素、有机成分、铁盐、植物生长调节剂等母液配制好以后，才可以配制培养基，培养基配制主要步骤如下。

(1) 溶解琼脂和糖 根据培养基用量确定容器的大小，使用前先做好刻度标记。在容器中加入一半培养基量的水，放入称好的琼脂和糖（白糖或蔗糖）并加热至全部溶解。

(2) 加入母液 根据不同培养需要，按量分别加入大量元素、微量元素、有机成分、铁盐、植物生长调节剂等母液，并搅拌均匀。

(3) 定容 用水定容至刻度线，并搅拌均匀。

(4) pH 值调整 用 pH 试纸或酸度计测量培养基的 pH 值，

并用1摩/升的盐酸或氢氧化钠将培养基调至所需要的pH值。

(5)分装培养基 将配制好的培养基分装到预先清洗处理过的培养容器中,并将分装好的培养基用封口膜、塑料膜或瓶盖等封口材料封口,准备灭菌。

(6)灭菌 将分装并密封好的培养基置于高压灭菌锅内进行高压灭菌。灭菌后将培养基取出,并将培养基置于接种室或预备室内放置3～5天后再进行接种,因为污染一般3～5天内就能表现出来。如果培养基灭菌不彻底会导致在培养基的表面或内部产生菌落,这种培养基就不能用。如果培养基3～5天保持不变,即可进行接种。

13. 培养基制备与灭菌时的注意事项有哪些?

培养基制备过程中有几个细节问题需要特别注意,否则可能会出现培养基不凝固,培养基污染或者马铃薯脱毒苗生长不良等问题,最终影响工作进度甚至导致工作失败。

(1)pH值调整 马铃薯组培快速繁殖培养基pH值要求在5.8左右。由于pH值的大小与溶液的温度高低有密切关系,温度越高pH值越高,因此,调整pH值时应待培养基温度下降到40℃时进行。除了温度能够影响培养基的pH值外,水质对pH值也有一定影响。例如,马铃薯大量快速繁殖时,一般采用的是MS基本培养基,不添加任何植物生长调节剂,为了降低成本,往往用自来水代替蒸馏水,如果自来水偏碱,培养基一般就会呈碱性,需要用稀酸调整pH值。向培养基中加酸碱时,应少量多次,直至将pH值调整到5.8左右。如果培养基pH值过低,将会导致培养基灭菌后硬度不够,呈糊状不凝固,不能进行接种操作。如果pH值过高,培养基偏硬,茎段不易插入培养基,而且阻碍营养物质的扩散吸收,同时培养基pH值过高,将不适合马铃薯生长发育,会导致马铃薯脱毒苗生长不良，从而使快速繁殖系数大大降低。

(2)分装 培养基分装时，不要将培养基粘到瓶口或瓶壁上，以避免污染影响后期材料观察。封口时，应仔细检查并剔除破损的封口膜、瓶盖等。用棉线绳捆绑打活扣封口比扎橡皮筋既经济又好用。使用配套的瓶盖进行封口时，要将瓶盖与瓶口的螺丝对好并拧紧瓶盖，避免漏气导致污染。

(3)灭菌 培养基配好后要立即高压灭菌，避免过夜，如果当天消毒不完，应放入冰箱过夜。灭菌时，即使使用的是全自动高压灭菌锅，也要经常观察灭菌锅的工作状态，确保恒温恒压（锅内压力1.1千克/厘米^2，温度121℃）状态保持15～20分钟。恒温恒压时间过短，灭菌不彻底，培养基会再次污染；恒温恒压时间过长，培养基成分发生变化或pH值改变，影响试验的进行。

14. 马铃薯茎尖脱毒技术的主要流程是什么？

马铃薯茎尖脱毒技术主要流程如图1所示。

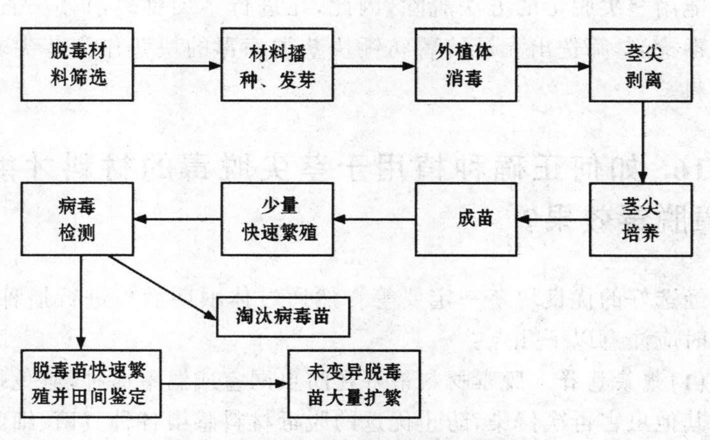

图1 马铃薯茎尖脱毒技术主要流程

15. 怎样筛选用于茎尖脱毒的马铃薯材料?

马铃薯品种在茎尖脱毒前进行材料筛选是非常重要的,因为同一品种不同个体间在产量和病毒感染程度上有很大的差异。只有进行严格和细致的材料筛选,才能保证脱毒效果和品种的优良特性。材料筛选的主要方法如下。

(1)田间株选 脱毒前,在田间所选的植株必须符合本品种的特征特性,包括株型、叶色、叶形、花色等植物学特征和开花期、成熟期等农艺性状。入选植株生长健壮,无明显的病害、虫害和病毒性病害,对入选的单株要适时早收,选择产量高、大薯率较高的单株。

(2)薯块选择 对入选单株的块茎进行薯块选择,挑选符合品种特征的薯块,包括薯形、皮色、芽眼深浅、肉色等,挑选无明显病斑、虫蛀和机械创伤的大薯块作为脱毒材料。

(3)马铃薯纺锤块茎类病毒筛选 由于马铃薯纺锤块茎类病毒不能用茎尖脱毒的方法脱除,因此,在进行茎尖剥离前,应先进行病毒检测,筛选出无马铃薯纺锤块茎类病毒的块茎作为茎尖剥离材料。

16. 如何正确种植用于茎尖脱毒的材料才能保障脱毒效果?

经选好的优良块茎一定要等自然通过休眠期后再进行播种。播种时应注意以下几点。

(1)地块选择 脱毒材料最好在防虫网室或温室播种,避免蚜虫或其他虫害再次侵染,防止优选的脱毒材料感染各种真菌、细菌等病害,这样不仅可以保证脱毒材料的优良性状,也可降低脱毒材料表面消毒的难度和接种后的污染率。

(2)基质处理 脱毒材料播种时，一般采用基质栽培，这样可以避免各种土传病害的发生。基质可以是蛭石，也可以是草炭、珍珠岩等，但无论是哪种基质，如果是生产上使用过的，尤其是微型薯生产使用过的，必须进行消毒处理，以防各种病害的发生，同时确保基质内无残留微型薯，以防脱毒材料机械混杂。

(3)及时剪掉顶芽 通常大田植物顶芽、腋芽、室内萌芽可适用于茎尖培养脱毒。马铃薯脱毒材料顶芽长至 4～5 厘米后，还未充分展叶，就要及时剪下进行茎尖剥离，用于茎尖剥离的芽不能过长，否则已经花芽分化就不能用于茎尖剥离。另外，及时剪下顶芽，去除顶端优势，可以促进腋芽及早大量萌发，能够为茎尖剥离提供更多的材料来源。

(4)病虫害防治 虽然用于茎尖脱毒的材料其生长期不长，但病虫害防治仍然不容忽视。防治以防为主，一旦发病，应整株拔除，不再作为脱毒材料使用。

17. 不同品种马铃薯茎尖脱毒的效果有什么差别？

马铃薯品种不同，其基因型一定不同，在茎尖培养时，对各种植物生长调节剂的反应表现出不同的差异。因此，不同品种在同一培养基进行茎尖培养，其茎尖成苗率和成苗时间有很大差异。有的品种成苗率高达 70%～80%，而有的品种仅有 4%左右；有的品种（如郑薯 5 号）从茎尖剥离到成苗仅需要 2 个月的时间，而有的品种（如费乌瑞它）成苗却需要 4～5 个月时间。一般情况下成苗时间长的品种其成苗率相对较低。另外，不同品种在大田的感病程度和对病毒的抵抗能力也有很大差别，因此，在进行茎尖脱毒时其脱毒率也会有所不同。

18. 马铃薯茎尖培养常用培养基的主要成分有哪些?

植物组织培养成功的关键,首先是筛选合适的培养基,培养基是培养材料赖以成活和生长的基础。在很多情况下,MS 培养基对马铃薯茎尖培养是有效的,研究表明,基本培养基中提高铵盐和钾盐的浓度,有利于茎尖成活。炭源一般采用蔗糖和葡萄糖,使用浓度为 2%～4%。马铃薯茎尖培养培养基不仅要有基本培养基所需要的大量元素、微量元素、有机成分、铁盐等,还需要添加不同种类和比例的植物生长调节剂。植物生长调节剂对茎尖生长和发育具有重要作用,尤以生长素最为突出。马铃薯茎尖培养常用的生长素类主要是萘乙酸(NAA)和吲哚乙酸(IAA),使用浓度为 0.1～1 毫克/千克。细胞分裂素主要以 6-苄基腺嘌呤(6-BA)、激动素(KT)等为主,使用浓度在 1～5 毫克/千克,应尽量避免使用 2,4-D,因为它通常能诱导外植体形成愈伤组织。赤霉酸(GA_3)也经常在马铃薯茎尖培养中使用,对促进茎尖的萌发与伸长有很好的效果。马铃薯茎尖培养因不同品种对植物生长调节剂的反应不同,所以植物生长调节剂的使用种类和浓度不能一概而论,应根据品种的不同,分别对各种植物生长调节剂进行浓度梯度试验,以确定各个品种的最佳植物生长调节剂种类和浓度配比。另外,实验证明,培养基硬度对马铃薯茎尖培养也很重要,较软的培养基有利于茎尖成活。用廉价的卡拉胶培养出的组培苗不仅生长速度快于琼脂培养基的组培苗,而且降低了成本。为了得到良好的根系,也有人建议用液体培养基,用滤纸桥做支持物,效果较好,但比较费事。

19. 马铃薯茎尖脱毒怎样进行外植体的取材和消毒？

马铃薯茎尖组织培养是在无菌环境下进行的，因此，用于茎尖脱毒的脱毒材料必须进行表面消毒。剪取2～3厘米，未充分展叶的壮芽，剥去肉眼可见外叶，放在自来水下用流水冲洗1～2个小时，然后在无菌室内的超净工作台上进行严格消毒。将芽用75%乙醇迅速浸泡30秒，然后用0.1%升汞浸泡5～10分钟或在2%～5%次氯酸钠溶液浸泡10～20分钟，最后用无菌水冲洗3～5次，并置于无菌瓶中备用。

20. 消毒剂的使用应注意哪些问题？

脱毒材料表面消毒一方面要求把外植体上所带的一切微生物杀死，另一方面要求不能损伤组织材料，保持材料的生活力，这两方面往往很难兼顾，必须选择合适的消毒剂与科学的消毒方法。因此，消毒剂的选择与使用往往是外植体消毒的关键，在消毒剂使用上应注意以下问题。

(1)消毒剂种类 消毒剂种类很多，但消毒效果较好，且常用于马铃薯茎尖脱毒的主要有升汞和次氯酸钠。升汞是一种强氧化剂，其渗透性比较强，消毒效果较好，但不易彻底清洗，残留在材料内会对后期茎尖培养有不良影响，因此，无菌水冲洗时应保证冲洗次数。同时，由于升汞对环境污染严重，所以在脱毒材料消毒时应慎重选择，在能控制污染的前提下最好使用次氯酸钠等其他低毒消毒剂。次氯酸钠在使用过程中要防止潮解，要求密封贮存，使用时随配随用。

(2)消毒时间 试验证明，每一种消毒剂随着消毒时间和浓度的增长，其消毒效果明显增加，但是随着时间的加长和浓度的加大，其消毒剂对材料的伤害就会越大。不同消毒剂都有最恰当的消毒时间和使用浓度，升汞一般使用浓度为0.1%～1%，使用时间为2～10分钟。次氯酸钠一般使用浓度为2%～5%，使用时间10分钟左右。乙醇具有很强的穿透力和杀菌力，通常外植体浸入15～30秒即可起到作用，由于乙醇杀伤力较强，使用时间不能过长，因此其经常作为灭菌的第一步。同时，乙醇的浸润作用又可促进其他消毒剂渗透到外植体的整个表面，提高杀菌效果。

21. 怎样进行马铃薯茎尖的剥离和接种？

马铃薯茎尖培养所需外植体经消毒处理后置于超净工作台上，在30～40倍的解剖镜下进行茎尖剥离。以无菌镊子将材料固定，用解剖针或尖镊子小心地去掉茎尖周围的叶片，暴露出顶端圆滑的生长点，然后用解剖针或尖镊子小心地切取茎尖分生组织，切取后的茎尖分生组织要迅速地放入培养基上，以切面接触培养基为宜，接种后要及时在培养容器上标注接种品种、日期等。茎尖剥离时切取的茎尖分生组织不宜太大，以免影响脱毒率，但也不能太小，那样会降低成活率，一般为0.1～0.3毫米，并带1～2个叶原基，这样可以避免仅剥离生长点易产生愈伤组织从而引起变异的现象，保证了原有品种的优良性状。

22. 马铃薯茎尖培养需要的培养条件是什么？成苗一般需要多长时间？

马铃薯茎尖培养接种后的材料置于培养室内进行培养，培养温度25℃±2℃，光照强度2 000～4 000勒，光照时间为每天16小时。茎尖成苗时间因品种不同而有较大差异，一般情况下，5～7

天茎尖即可转绿并开始长大，有的品种如整薯五号 50～60 天即可形成小苗，而有的品种则需要 4～5 个月时间才能形成小苗。茎尖苗成苗后应对每棵茎尖苗进行编号，并转入无植物生长调节物质的培养基内进行壮苗和生根培养，1 个月左右发育成正常的植株，然后单节切段扩大繁殖，成苗后进行病毒检测。

23. 为什么经过茎尖脱毒的材料必须要进行病毒检测？

虽然茎尖组织培养脱毒是非常有效的脱毒技术手段，但通过茎尖组培获得的马铃薯苗并非能达到 100% 的脱毒率，这是因为茎尖剥离的大小、品种的不同，感染病毒种类和多少的不同都对茎尖脱毒的效果有不同的影响。剥离的茎尖越大，脱毒率越低。研究表明，马铃薯 S 病毒和马铃薯 X 病毒侵入点距离茎尖生长点最近，只有剥取 0.2 毫米以下才能脱去，马铃薯 Y 病毒距离茎尖生长点较远，茎尖切取 0.3～0.5 毫米就可以去掉。而马铃薯卷叶病毒通过热处理即可脱去。因此，经过茎尖培养的材料不一定都能脱除所有病毒，只有经过少量快速繁殖后对茎尖苗进行病毒检测，才能确定材料的脱毒情况。

24. 为什么通过茎尖培养获得的脱毒苗不能够直接用于生产？

马铃薯茎尖培养获得的脱毒苗不能直接用于大量生产，因为在茎尖剥离及培养过程中有可能会发生变异而失去原有品种的优良性状，因此，在进行大量生产前需要田间筛选，淘汰变异株系，保留优良株系。关于引起茎尖脱毒过程中变异的原因有两个观点得到认可，一是在剥取茎尖分生组织时，由于细胞组织很小，也有可能取到的组织是不带本品种全部遗传基因的嵌合体组织,由它进一步培养产生的植株在品种表现上就不会与原品种完全相同;二是在培养过程中,茎尖分生组织容易受培养环境,尤其是培养基中的各种化学物质影响而发生变异。试验证明,这种变异发生的概率很低,但在实际生产中,脱毒苗大量应用前,仍要进行田间筛选,以避免生产了大量变异株系而带来损失。

25. 什么是超低温脱毒?

虽然马铃薯茎尖组织培养脱毒技术应用于生产已成熟,但科研工作者仍在不断探索新技术以克服茎尖脱毒存在的操作困难、费时、脱毒率低等局限。超低温脱毒技术就是其中被许多研究者重视并逐步走向应用的一种新的脱毒技术。超低温脱毒是基于超低温保存对细胞的选择性破坏作用原理,结合组织培养和病毒检测技术达到脱毒的目的。超低温脱毒技术作为一种新的脱除植物病毒的方法,相对其他成熟的脱毒技术,该技术的研究还没有很深入,尤其是超低温这种极端环境对植物的遗传性的影响方面有待进一步深入研究,这使得这一技术距实际的大规模应用还有一定的距离,但由于其操作简单、脱毒率高等优点,使其仍值得进行深入地研究和探索。据文献报道,目前已通过超低温技术获得脱毒植株的植物有马铃薯、甘薯、木莓、香蕉、葡萄等。

26. 超低温脱毒技术的原理是什么?

20 世纪 50 年代,人们发现病毒在植物体内呈不均匀分布,顶端分生组织不含或只含有少量病毒,将该部位组织进行培养能够获得脱毒的植株。超低温处理和茎尖剥离都是基于此理论,不同之处在于,茎尖剥离是利用机械切割的方法获得植物顶端分生组织，而超低温处理是利用液氮超低温（－196℃）对植物细胞的选择性杀伤，得到存活的顶端分生组织。顶端分生组织能够在超低温处理后存活，与其本身的细胞特性有关。顶端分生组织位于茎尖和根尖，直径约 0.1 毫米，长约 0.25 毫米。这些细胞能够分裂和自我更新，具有排列紧密、体积小、呈立方形、核质比高、细胞质浓稠、无成熟液泡的特点。这样的细胞自由水含量低，在超低温环境中细胞质保持无定形状态，或产生不会造成细胞死亡的微小冰粒，从而存活。然而含有病毒的顶端细胞的液泡较大，胞液中含有的水分也较多，具有成熟液泡的已分化细胞由于含有大量自由水，在超低温环境中会形成树枝状冰晶，这些冰晶破坏细胞的膜结构从而导致细胞死亡。正是由于超低温处理对细胞的选择性杀伤，保留顶端分生组织，杀伤含有病毒的其他细胞，所以经超低温处理繁殖而来的植株很可能是脱毒的。

27. 超低温脱毒技术的优势是什么？有什么不足？

超低温脱毒技术的优势是：

（1）脱毒率不受茎尖大小的限制，操作简便易于推广 茎尖剥离受到茎尖大小的限制，脱毒率与成活率之间存在矛盾。另外茎尖脱毒技术不仅要求操作人员熟练使用解剖镜，而且要求操作精准迅速。因为剥离时间过长易造成茎尖褐化，降低成活率。超低温对植物细胞的选择性杀伤与细胞本身的特性有关。因此，超低温处理不受茎尖大小的限制。而且超低温处理不需要额外的仪器设备，一般的植物组织培养实验室都可以完成。液氮也是在多数国家都可以买到的药品。这些优势使得超低温处理成为操作简便、易于推广的植物脱毒技术。

（2）脱毒率高 超低温处理对细胞的选择性杀伤使得带病毒

的植物细胞几乎全部死亡，存活的只是分生区和部分幼嫩叶原基细胞，而这些存活的细胞恰恰不含或只含有少量病毒，因此，超低温处理后再生的植株脱毒率很高。另外，该技术还可以使植物脱毒与种质保存相结合，实现脱毒原种的长期保存。

随着理论和技术的不断发展和完善，低温疗法在植物病毒防治方面将发挥重要作用。但这项技术的发展历史还很短，成功案例还很少，并且在实际生产中尚存在许多问题，如植物品种不同，其组织特性、含水量和对超低温的耐受程度必然有所不同。这就要求超低温处理试验针对不同植物品种分别建立合适的试验程序。超低温脱毒茎尖成活率低，而且茎尖复苏所用的时间视品种不同从几周到几个月不等。另外，超低温脱除植物病毒涉及植物组织培养和超低温保存过程，是一种逆境处理，有可能导致体细胞无性系变异，尤其是能否引起田间农艺性状的变化，是该技术大规模应用之前需要进一步探讨的问题。

28. 超低温脱毒技术研究需要的仪器设备有哪些？

超低温脱毒和茎尖脱毒一样都是基于顶端分生组织不含病毒或含病毒很少的原理上进行的，所不同的是超低温脱毒是采取液氮超低温对植物组织的选择性杀伤，获得存活的不带病毒的分生组织，从而达到脱毒的目的。因此，超低温脱毒技术所需要的仪器设备与茎尖组织培养的仪器设备基本相同，并在茎尖组织培养仪器设备的基础上，还应有液氮罐以及配套装备进行超低温处理。

29. 如何进行超低温脱毒？

超低温脱毒是一项新兴的脱毒技术，虽然在几种作物上成功获得了脱毒植株，但未见到大规模应用的报道，因此，仅对该技术的操作环节做简要介绍。

目前常用的超低温处理方法包括：包埋干燥法、玻璃化法、小滴玻璃化法、包埋玻璃化法。在进行超低温处理前，通常要对茎尖进行脱水和干燥，以强化茎尖对超低温的耐受能力。虽然超低温处理的试验方法很多，但是总体可以概括为以下几个步骤：一是以带病毒的植物为材料进行组织培养建立试管苗体系；二是以机械切割的方式获得植物茎尖；三是对茎尖进行处理以增强其对干燥和超低温的耐受能力（通常是将茎尖培养于含有高浓度蔗糖的培养基上，使其脱水）；四是干燥茎尖以增强其对超低温的耐受力（如无菌风干燥或玻璃化处理）；五是液氮超低温处理（将茎尖置于液氮中）；六是茎尖复苏与再生；七是再生植株的继代繁殖与相关检测；八是得到无毒的健康植株。

30. 为什么要进行马铃薯脱毒苗的快速繁殖？

脱毒苗的快速繁殖是脱毒技术应用于产业化生产的重要桥梁。脱毒苗获得之初仅有 1 棵或几棵，如果直接利用这些数量有限的脱毒苗繁殖原原种、原种和脱毒种薯是不可能的，因为种薯繁殖系数只有 15 倍左右。因此，如何在较短的周期内生产出大量的脱毒苗成为所有脱毒技术应用的关键，而植物组织培养快速繁殖技术很好地解决了这一问题。通过该技术，1 株脱毒苗的单次繁殖周期为 1 个月，繁殖系数为 4～5，1 年可以繁殖 10～12 次，由此计算 1 株脱毒苗 1 年内可以繁殖上千万株，与脱毒种薯的繁殖系数相比，具有极大的优势。因此，通过茎尖组织培养获得的脱毒苗只有通过快速繁殖才能应用于生产。

31. 马铃薯脱毒苗快速繁殖的主要流程是什么？

在马铃薯脱毒技术的应用中，组织培养快速繁殖是操作最频繁、工作量最大，也是最为基础和关键的环节，其主要技术流程如下。

(1) 培养基制备 马铃薯组织培养快速繁殖常用的培养基为MS培养基。培养基制备时将大量元素、微量元素、有机成分、激素、琼脂和糖等按照一定比例进行配制混合后，分装于容器如玻璃瓶或三角瓶内，用透气膜或瓶盖封好，放入高压灭菌锅内灭菌后备用。

(2) 接种 在无菌室内的超净工作台上，用灭过菌的剪刀将脱毒苗剪切成小段，每段带1～2个腋芽，然后放入已灭过菌的培养基上，密封好后移到培养室进行培养。

(3) 培养 将接种好后的脱毒苗放在培养室进行培养，培养条件为光照时间每天16小时，温度25℃左右。待脱毒苗长至10厘米左右时可进行下一次的切段快速繁殖。

32. 马铃薯脱毒快速繁殖的主要目标是什么？

脱毒快速繁殖是马铃薯组织培养过程中的重要环节，也是决定脱毒种薯生产的质量、效益和规模的基础因素。脱毒快速繁殖的主要目标如下。

(1) 繁殖效率高 繁殖效率是指脱毒苗在1年内的繁殖量。马铃薯脱毒快速繁殖如何在较短时间内提高脱毒苗的繁殖效率，降低生产成本，且生产出健壮的苗，是每一个生产者应该考虑的问题。繁殖效率与脱毒苗的繁殖系数、繁殖周期以及污染状况等直接相关。

(2)生产成本低 马铃薯脱毒苗组培快速繁殖时,试剂用量大,且培养过程中需要在恒温、光照充足的培养室中进行,耗电量比较大,以上因素导致组培快速繁殖的相对成本较高。较高的生产成本直接影响后期脱毒种薯的推广与应用。因此,在保证生产效率的同时,降低生产成本是生产者主要追求的目标之一。

(3)污染率低 污染一直是植物组织培养过程中不容忽视的问题。污染不仅影响快速繁殖效率,增加生产成本,严重时还可能造成重要资源的丢失。因此,尽可能地在组织培养过程中避免污染、降低污染率也成为脱毒快速繁殖的主要目标。

(4)脱毒苗质量高 高质量的脱毒苗应表现为茎秆粗壮、节间长适中,叶片肥大,无气生根、腋芽及顶尖干枯、玻璃化、菜花苗等生长不良现象。脱毒苗是进行扦插生产原原种的基础,因此,通过植物生长调节剂、温度、光照、湿度等因子的调控生产高质量的脱毒苗在组培快速繁殖中显得尤为重要。

33. 怎样计算马铃薯脱毒苗的繁殖速率?

马铃薯脱毒快速繁殖的繁殖速率非常快,理论上可以用 $y=mx^n$ 公式计算(y 为年繁殖量,m 为基础苗数,x 为 1 株苗的繁殖系数,即每周期增殖的倍数,n 为全年可增殖的周期次数)。马铃薯脱毒苗一般每 25～30 天扩繁 1 次,扩繁速率即增值倍数为 3～6 倍。从理论上推算,按 1 年继代 12 次,每次平均扩繁 4 倍,1 株试管苗 1 年后可扩繁的量为 $4^{12}=16\ 777\ 216$ 株,由此可见,试管苗的扩繁潜力非常大。以上计算为理论计算方法,实际生产上繁殖速率往往低于理论计算数。这主要是由于每次转接时的增殖系数往往没有理论值高,转接周期也往往比理论值要长一些,最重要的是理论计算时没有统计污染苗的损失。同时,由于设备条件的不足、操作水平等客观原因,实际生产中远远达不到这种繁殖速率。

因此，生产中可根据繁种数量需要，按照本实验室的实际繁殖系数和转接周期，提前做好快速繁殖计划并计算好需要扩繁的基础苗的数量，从而避免基础苗过多或过少造成的不必要损失。

34. 怎样提高马铃薯脱毒苗的繁殖速率？

根据马铃薯繁殖速率计算公式 $y=mx^n$ 可以看出，在基础苗一定的基础上，决定马铃薯繁殖速率的主要因子有增殖倍数和繁殖周期，并且与这两个因子呈正相关。增殖倍数是指每次扩繁时单株苗可以扩繁出的数量，扩繁数与脱毒苗的可利用茎段数有关。繁殖周期主要指两次扩繁之间的时间间隔，间隔时间越短，规定时间内可繁殖的次数越多，繁殖速率也就越快。在实际生产中，马铃薯脱毒苗由于长期扩繁，往往出现叶片小、节间长、生长势较弱和不一致等问题，繁殖速率逐渐下降。但工厂化生产需要按计划进行，为了提高生产效率，在继代培养时必须保证脱毒苗的质量，保持比较稳定的增殖速率。保持和提高马铃薯脱毒苗增殖速率的主要方法如下。

(1)改善培养条件 马铃薯试管苗的生长同田间植株生长一样，昼夜温差有利于苗的健壮生长，对培养条件的要求为白天25℃～27℃，夜间16℃～20℃，光照16小时。同时要适当地增加光照强度、降低温度来控制植株徒长，增加植株可利用茎段数。培养瓶内湿度和二氧化碳的浓度也将直接影响试管苗的生长，可以采用透气性良好的棉塞、封口膜或带有滤膜的瓶盖等封口。有报道指出，培养瓶的大小也将影响试管苗的生长，综合试管苗生长势、繁殖率、污染率、培养成本(培养基用量、消毒费、人工费等)分析，以100～150毫升容量的培养瓶，繁殖马铃薯试管苗比较合适。

(2)材料更新 若马铃薯脱毒苗长期继代培养，由于各种原因往往会重新感染和积累病毒，同时由于植株体内内源激素的减少和丧失而导致再生能力的衰退，从而使马铃薯脱毒苗的质量和增殖速率大大降低。因此，在组培快速繁殖过程中，采用2～3年更新1次基础苗的办法来保持脱毒苗的增殖速率。

(3)调整培养基 在马铃薯生长过程中，为了加快植株的生长速度，可以在培养基中添加一些植物生长调节剂来达到提高繁殖速率和强壮植株的目的。萘乙酸是使用较多和作用较明显的植物调节剂，它可以增加叶片数和切段快速繁殖可用节数，萘乙酸和赤霉素配合使用，可以使马铃薯试管苗繁殖周期从6周缩短为4周，切段繁殖可用节数增大1.17倍。在培养基中长期使用植物生长调节剂，对脱毒苗的生长和后期的应用可能会产生不利的影响。同时为了降低生产成本，在生产中一定要注意植物生长调节剂的使用时间和浓度，植物生长调节剂尽量少用或不用，尤其是在扦插前的最后一次快速繁殖时，培养基中不能再添加植株生长调节剂，以免对后期的应用造成不良影响。

35. 马铃薯脱毒苗快速繁殖培养基的主要成分有哪些？

马铃薯脱毒苗快速繁殖所需培养基的主要成分包括：MS基本培养基中的大量元素如N、P、K、Mg、Ca等，微量元素如Zn、Mn、I、Na、Co、Mu等，有机成分、铁盐、糖类、琼脂和大量的水等。一般情况下，仅MS培养基基本成分即可满足马铃薯快速繁殖苗生长的需要，不需要添加植物生长调节剂类物质。但如果为了加大脱毒苗生长繁殖速率和改善脱毒苗生长状况，可添加适宜的植物生长调节剂，如细胞分裂素和生长素等，也可添加植物生长延缓剂如矮壮素（CCC）等，用来抑制脱毒苗生长以达到长期保存的目的。

马铃薯脱毒快速繁殖一般用于脱毒种薯的工厂化生产，快速繁殖规模大，生长周期短，所需试剂量较大。为了节约成本，在生产中可以将 MS 培养基中的大量元素减半使用，有的也可将有机成分直接去除。另外，将培养基制备所必需的糖类、水分别用白糖、自来水代替蔗糖、蒸馏水，可以大幅度降低快速繁殖成本。采用液体培养基进行脱毒苗快速繁殖，可以减少琼脂的使用，但液体培养污染率高、试管苗成活率不高，因此在生产上应谨慎使用。

36. 马铃薯脱毒苗快速繁殖接种时的关键环节有哪些？

接种是马铃薯脱毒苗快速繁殖的关键环节，也是整个流程中投入人工最多的环节。接种技术的好坏直接影响脱毒苗的污染率和人工的使用量，关乎生产成本的高低。接种的关键技术如下。

(1)接种前的准备 接种前的准备工作主要包括接种室和工作台准备、工具准备、培养基、接种材料准备等。接种前应提前将接种工具包好并高压灭菌后置于接种室内备用。培养基应根据当天接种量的多少提前放置在接种室内备用，避免接种室存放过多培养基减少接种室空间，同时也避免接种过程中临时从接种室外拿取培养基增加污染的机会等。接种前要提前 20～30 分钟将超净工作台风机和消毒器打开，并用乙醇喷洒接种室地面、墙面、工作台表面、培养瓶表面等，然后打开接种室内的紫外线灯进行环境消毒。

(2)接种 开始接种前，关掉室内和工作台的紫外线灯。穿上接种专用工作服，戴上口罩和手套。用乙醇将双手、袖口等进行消毒，并用乙醇棉球或纱布等擦洗工作台面、培养瓶瓶盖、接种用工具、器皿等一系列置于工作台上的物品。接种工具表面消毒后置于消毒器内消毒，10 秒左右即可取出，冷却后备用。

接种时，用消过毒的剪刀将基础苗从根部剪断后用镊子取出，并将苗按每节带 1 个叶片的标准直接剪入新的培养瓶中，根据培养瓶的大小，每瓶 10～20 段不等。然后用镊子将茎段斜插于培养基中，插完后及时盖上瓶盖，并做好接种品种、日期等标记。

为了降低接种污染率，提高接种效率，接种时必须注意：一是接种工具要及时消毒。一般情况下要求每接种完一瓶就要对工具进行消毒。反复消毒可以大大降低接种污染率，但消毒往往增加接种工作量，降低工作效率。实际操作时，如果技术熟练，并且在接种过程中接种工具没有接触到组培苗以外的其他东西，比如培养瓶、瓶盖、工作台面、消毒器表面等，可以反复转接多瓶后再进行工具消毒。二是接种时接种工具、培养瓶以及其他器皿要摆放有序，便于操作，尤其是工作台出风口位置严禁摆放过多东西而造成空气流通不畅。当培养基瓶口敞开时，双手、袖口等均需绕开瓶口进行接种操作，严禁在瓶口上方活动。用镊子将茎段插在培养基上时，可以将培养瓶拿起，并将瓶口向里倾斜，严禁将瓶口朝外，或直接将头对着瓶口进行操作。三是接种工具消毒后要冷却后方能使用，以免温度过高烫伤组培苗。因此，接种时每人可配备 2～3 套工具交替使用。这样不仅可以避免污染，还可以提高接种效率，提高组培苗的质量。

(3) 接种后整理　接种结束后，将培养瓶及时转入培养室进行培养，将接种工具包好或直接浸泡在 75％乙醇中进行消毒。将台面物品摆放整齐，并用乙醇进行擦洗消毒。关掉超净工作台，切断电源。如果需连续接种，可直接将下次接种所用培养基转置接种室备用，并打开接种室紫外线灯进行消毒。

37. 马铃薯脱毒苗培养所需要的条件是什么？

马铃薯脱毒苗在接种室接种后，要转入培养室进行培养。培养室培养条件的好坏直接影响着脱毒苗的生长状况。影响脱毒苗生长的主要条件如下。

(1)光照 光照是马铃薯脱毒苗生长中最主要的环境条件。马铃薯脱毒苗喜欢强光和长日照，培养室如果是人工补光的情况下，以每天16小时的光照时间和2000勒以上的光照强度为宜。

(2)温度 一般情况下，马铃薯脱毒苗均是在25℃左右的恒温条件下进行培养，但一定的昼夜温差有利于试管苗的健壮生长，因此有条件的地方可以将培养室温度调整为白天25℃～27℃，夜间16℃～20℃。

(3)湿度 脱毒苗培养过程中培养瓶中的湿度为100%的相对湿度，这样的湿度有利于脱毒苗的生长。培养室的相对湿度尽量达到70%～80%为宜，湿度过低时，会使培养基内的水分丧失过快，不利于试管苗的生长和发育；湿度过大时，会造成室内空气中的真菌、细菌繁殖，易引起脱毒苗污染。培养室内湿度可以通过加湿器和除湿机进行调控。

38. 如何长期保存马铃薯脱毒苗？

采用组织培养技术获得的马铃薯脱毒苗，通过定期切段快速繁殖能够在实验室长期保存。利用该技术，可以长期有效地保存马铃薯种质资源，但试管苗如果连续继代培养，不仅容易重新感染病毒，降低脱毒苗质量和繁殖速率，而且会增加脱毒苗保存成本。因此，在马铃薯脱毒苗保存中可以采取一定措施维持试管苗最慢的生长速度，延长试管苗继代周期，使其达到长期保存的目的，试管苗经过一定时间保存后，根据需要即可进行扩繁。脱毒苗保存的方法有两种，一种是在培养基中加入生长延缓剂或抑制剂，另一种是控制生长条件，在培养基中加入甘露醇，可以达到延缓生长的目的，加入4%～5%甘露醇，培养条件为10℃，500～1000勒光照可以保存11个月左右。加入比久(B_9)50毫克/升可使脱毒苗保存 2 年左右。降低培养温度和适当减弱光照强度和光照时间可以延长脱毒苗保存时间,但过低的光照强度不利于脱毒苗长期保存,光照强度以 500～1 000 勒为宜。另外,培养瓶封口材料的透气性影响培养基水分的蒸发速度,从而影响保存效果,用铝箔封口脱毒苗可以保存 2 年,脱毒苗生长良好。尽管生长抑制剂浓度、保存温度、光照条件、封口材料都会影响脱毒苗保存时间,但降低培养温度是最为关键的因素。

39. 马铃薯脱毒苗为什么要经常更新?怎样延长马铃薯脱毒苗使用时间?

长期继代培养的马铃薯脱毒苗有可能会再次染上病毒,据报道,脱毒苗在继代培养 2 年后,均发现不同程度的病毒和细菌侵染,其中马铃薯 X 病毒 80%,马铃薯 Y 病毒 52%,马铃薯卷叶病毒 46%,马铃薯 M 病毒 20%,只有经过再次茎尖脱毒才能重新复壮。细菌的侵染主要是由于接种时操作不当引起的,而病毒的侵染因素有多方面。一是可能由于脱毒不彻底,由于病毒含量低,血清检测方法检测不到,或者是脱毒时只是脱去了强系病毒,脱毒苗经多次继代后,并在较高的温度下培养,未脱掉的病毒逐渐积累或弱系病毒在强系病毒脱去后快速繁殖,从而再次出现病毒。二是由于接种时操作及其他一些原因造成病毒的再次侵染。另外,脱毒苗在离体条件下多次继代,特别是长期生活在高激素含量的培养基中,可能会出现一些变异,改变了原品种的特性,并且脱毒苗长期继代培养后生长不良,表现茎秆变细,叶片变小。因此,马铃薯脱毒苗继代扩繁,需要 2 年更换 1 次基础苗,以提高脱毒苗的质量。

为延长脱毒苗使用时间,可以将基础苗转入保存苗培养基,并在低温下培养,延缓脱毒苗生长速度,每隔 6～8 个月继代 1 次,这样可以有效地减少继代的次数和污染机会，快速繁殖苗继代 2 年后，可以用保存的基础苗替换快速繁殖苗，这样由 2 年更新 1 次脱毒基础苗可以延长到 4～6 年进行更新。保存苗在使用前仍需要进行 1 次病毒检测和田间试种观察，确认无病毒和无变异的情况下才能应用。

40. 造成马铃薯脱毒苗污染的环节有哪些？怎样降低其污染率？

污染指在组培过程中培养瓶内滋生菌斑，使培养材料不能正常生长发育，从而导致培养失败的现象。马铃薯脱毒苗一旦污染后就不能继续进行快速繁殖。尤其是对于种质资源保存，污染如果控制不好，可能会造成毁灭性的灾难。

造成马铃薯脱毒苗污染的环节很多，在培养基配制、培养基保存、接种、脱毒苗培养等过程中如果操作不当，均可能导致培养基和脱毒苗污染，尤其是夏季高温多湿，空气中的真菌、细菌含量很高，传播很快，必须做到提早预防与及时防治。造成脱毒苗污染的主要环节和降低污染的措施如下。

(1)培养基配制与存放　培养基配制是造成污染的第一个环节。由于瓶口封口不严，或是由于使用灭菌不完全的设备或操作不完善等均会造成培养基污染。因此，配制培养基时，检查封口膜、瓶盖是否破损，保证灭菌时间和高压锅内温度十分重要。培养基灭菌后不要马上进行接种，最好存放 3～5 天，这时培养基如果被污染，症状就会表现出来，便于接种前将污染的培养基剔除，可以有效地降低脱毒苗的污染率。

(2)接种　接种是造成污染的第二个环节，也是导致污染发生可能性最大、因素最多的环节。要想在此环节控制污染，必须严格按照操作技术规程进行，尽量简化接种中不必要的环节，尽可能减少污染机会。同时，还要及时更换超净工作台滤网，仔细观察欲接种培养基和待扩繁脱毒苗是否已被污染，如果不小心使用了污染的培养基或脱毒苗，必须用乙醇将工具、器皿、双手、工作台面等进行彻底消毒，以防交叉污染。

(3)培养 培养是造成污染的最后一个环节，主要与培养室的环境有关，污染率主要取决于空气中带菌密度与组培瓶空气交换率。在培养过程中如果发现污染的脱毒苗应及时带出培养室。培养室相对湿度应控制在60%以下，如果湿度过高，可用空气除湿机进行除湿，尤其是在夏季更应注意除湿，以防污染大量发生。同时，培养室还要定期进行通风换气，并采用乙醇喷雾、紫外线灯照射或高锰酸钾等化学药剂熏蒸杀菌，尽可能使培养室少菌或无菌，降低脱毒苗污染的概率。

41. 重要资源污染后怎样进行挽救？

污染在组织培养中经常出现，是影响组织培养成败与成本的一个重要因素。十分重要的材料，比如种植资源保存的材料，如果严重污染将可能导致该材料濒临灭绝，因此必须采取一定措施及时进行挽救。可采用茎尖剥离外植体消毒的方法将污染的材料进行消毒处理，由于脱毒苗与大田苗相比比较弱，因此消毒时间要相应缩短，如0.1%升汞消毒时间一般控制在5分钟以内。消毒后将污染材料接种到培养基上进行培养，如果继续出现污染，可在脱毒苗恢复生长后按上述消毒方法继续进行消毒处理，反复处理2～3次污染一般即可控制。如果污染严重，仅仅通过外植体消毒无法解决问题，可在培养基中加入适量的抗生素。由于不同品种对抗生素的适应性不同，使用前最好进行小量试验，以免因浓度过高杀死植株而使珍贵材料丢失。材料在含有抗生素的培养基培养一段时间后必须及时转回正常的培养基中，以免影响试管苗的正常生长。

42. 马铃薯脱毒苗生长过程中经常出现哪些异常表现？怎样防治？

在马铃薯组培快速繁殖过程中，由于不同原因经常出现各种各样的异常苗。这些异常苗往往生长缓慢，或者不能正常移栽等，从而给生产带来一定的损失。脱毒苗生长过程中出现的异常苗主要有玻璃化、顶尖干枯、气生根、菜花苗、分枝苗等，其主要形成原因与防治方法如下。

(1)玻璃化 玻璃化苗是植物组织培养过程中所特有的一种生理失调或生理病变，主要表现为试管苗叶、嫩梢呈水晶透明或半透明，水浸状；整株矮小肿胀、失绿；叶片皱缩成纵向卷曲、脆弱易碎；叶表缺少角质层蜡质，没有功能性气孔，不具有栅栏组织，仅有海绵组织。到目前为止，尽管关于玻璃化的成因及其生理机制仍未得出一致的结论，但对某些植物的玻璃化已得到有效的控制。研究表明，控制脱毒苗玻璃化要从培养的环境条件和生理生化两方面入手，具体措施主要有：利用固体培养基；增加培养基中琼脂浓度和糖分浓度，或者在培养基中增加渗透剂；降低培养容器内环境的相对湿度；改善培养容器的通气条件；降低培养温度；增加自然光照；增加培养基中Ca、Mg、Mn、K、P、Fe、Cu、Mn元素含量，降低N和Cl元素比例，特别降低铵态氮浓度，提高硝态氮含量，另外培养基中加入活性炭等添加物也可适当降低脱毒苗玻璃化的现象。

(2)顶尖干枯 顶尖干枯是指试管苗长到一定高度时，从中上部开始干枯而逐渐死亡的情况。形成原因不排除培养架上部温度偏高而造成的灼烧现象，其他原因目前尚不清楚。顶尖干枯现象主要降低了试管苗的成苗率。马铃薯脱毒苗进行培养时，适当增加试管架与照明灯管间的距离，降低培养室温度等都可有效地控制顶尖干枯现象的发生。

(3)气生根 在马铃薯脱毒苗培养过程中，经常出现在试管苗中下部叶腋处长出许多细长气生根的现象。大量气生根的存在不利于切段快速繁殖，降低了脱毒苗的切繁速度。气生根的形成与外界环境条件有关，当试管口的覆盖物透气性差时，马铃薯脱毒苗就会有大量的气生根长出。实际生产中尽量采用透气性好的封口材料，同时大的培养容器、短的培养周期和适当降低每瓶脱毒苗的数量等都可以避免气生根的形成。

(4)菜花苗 当带一个叶芽的茎段接种于培养基中，在相同的培养条件下，某些试管苗的茎段没有正常伸长，只是茎基部长出根毛，节间和腋芽短缩，有的品种甚至在茎基部结出小薯，这样的脱毒苗称之为菜花苗，又称小老苗。菜花苗的形成原因目前还不清楚。菜花苗正常移栽不能成长为正常的植株，成为无效苗，严重影响工厂化生产。马铃薯快速繁殖接种时茎切段选用基础苗健壮的中上部茎段，少用甚至不用茎基部的茎节。

(5)分枝苗 在脱毒苗生长过程中，经常出现脱毒苗生长细弱、每株分枝较多，这些分枝经常缠绕在一起，给切繁带来一定的难度，降低切繁速度。温度较高是试管苗产生分枝的主要原因，室温超过 25℃时，即有大量分枝出现。不同品种之间，分枝产生也有一定的差异，相同条件下，费乌瑞它分枝多，大西洋分枝就比较少。另外，继代培养时间过长，也极易使脱毒苗产生大量分枝。因此，马铃薯脱毒苗培养时培养室温度最好控制在 22℃～25℃，一定的昼夜温差更有利于脱毒苗的健壮生长。同时根据不同品种的生长速度，决定其继代培养周期，尽量避免脱毒苗产生大量的分枝。

马铃薯脱毒苗在快速繁殖过程中出现的异常现象，受遗传因素影响甚少。适当的调整试管苗的生存环境条件，即选择健康的外植体，添加适当的调节物质，温度控制在24℃左右，相对湿度保持在75%上下，培养基的软硬随时调节，缩短继代培养时间等措施，能够最大限度地降低异常苗的发生，提高其成苗率。

43. 马铃薯组培实验室管理规程的重要性是什么？怎样制定？

马铃薯组织培养实验室主要进行马铃薯茎尖培养和快速繁殖，源源不断地为工厂化生产马铃薯脱毒种薯提供脱毒苗，是整个脱毒种薯繁育体系的基础和前提。组培实验室管理水平的高低直接决定脱毒苗的质量、繁殖速率和生产成本等，为了严格管理，使组培室生产趋于正规化、标准化和制度化，往往要制定一系列实验室管理规程。这些管理规程主要包括培养基制备与消毒制度、接种室管理制度、培养室管理制度等。具体各项管理规程的原则和内容如下。

(1)接种室管理规程 接种室主要进行茎尖剥离和切段快速繁殖工作。由于接种的整个过程均是无菌操作，因此，接种室的管理非常严格，其管理制度也是整个实验室管理规程中最为关键的一项。制定接种室管理规程的原则是保证接种室的无菌环境，尽可能地降低接种过程中造成的污染。接种室管理制度中应包含工作人员出入管理、卫生管理、消毒管理、接种规程管理、安全管理等。

(2)培养室管理规程 培养室是将脱毒苗进行培养的场所，要求干净整洁，无菌或少菌。培养室管理规程的内容主要有人员出入管理、培养材料管理、湿度与温度管理、消毒管理、日常卫生管理等。制定以上管理内容的原则是为脱毒苗提供良好的生长环境，并尽可能避免培养过程中脱毒苗污染，降低由于污染而造成的不必要的损失。

(3)培养基制备与消毒管理规程 培养基制备与消毒的好与坏直接影响脱毒苗的生长状况和污染情况,因此,培养基制备与消毒不仅是组织培养过程中的第一个环节,也是非常重要的环节。培养基制备与消毒管理规程的内容主要包括母液配制与存放管理、培养基制备流程管理、高压灭菌锅使用管理、灭菌流程管理、培养基存放管理与安全管理等。通过该管理规程的实施,使制备出的培养基的各种成分符合配方要求,并且灭菌彻底,接种前无污染,能够满足各种组培试验的需要。

除以上管理规程外,组培室还可以根据需要制定药品称量、器皿清洗等各种具体的管理规程。我们在制定这些管理规程时,不能生搬硬套,应根据实验室具体情况,本着便于管理、便于操作,同时又能使实验室管理正规化、标准化和制度化,能够保证各项工作顺利开展的同时又能保证脱毒苗的质量、繁殖速率和生产成本达到最佳水平。

44. 如何降低快速繁殖成本来保障脱毒种薯生产效益?

马铃薯组培快速繁殖是脱毒种薯生产的第一个环节,也是最重要、投入成本最高的环节,因此,快速繁殖成本的高低直接决定脱毒种薯的生产效益。马铃薯组培快速繁殖试剂用量大,人工和水、电投入多,成本相对较高,降低成本不仅是生产者关心的主题,也是科研工作者一直致力解决的问题。降低马铃薯脱毒快速繁殖成本主要从以下几个方面着手。

(1)改良培养基 快速繁殖培养基主要为马铃薯脱毒苗生长提供各种营养物质,主要由 MS 培养基的大量元素、微量元素、有机成分、铁盐、糖分、琼脂、水等组成。试验研究表明,马铃薯脱毒苗快速繁殖培养基,短时期培养可以全部减去 MS 培养基中的有机成分。大量生产时,也可以将MS培养基中的大量元素减半使用。配制培养基时,可以选用化学纯以下级别的试剂。作为碳源的蔗糖和蒸馏水是组培快速繁殖中用量最大的,试验证明,用白糖和自来水代替蔗糖与蒸馏水,对脱毒苗的生长没有明显影响。琼脂是培养基所用各种试剂中成本最高的,约占26%。采用液体培养,可以省去琼脂的使用,但液体培养对技术的要求较高,脱毒苗成苗率一般不高,常发生生长异常现象,比如玻璃化苗较多,因此,采用液体培养时要慎重。在实际生产中,可以降低琼脂级别,多用国产琼脂,或者使用价格低廉的卡拉胶等来降低成本。另外,琼脂使用浓度在不影响脱毒苗正常生长的情况下也可以适当降低。

(2)优化操作程序 操作程序主要指接种操作,接种是马铃薯组培快速繁殖过程中人工投入最多的环节。优化操作程序,可以提高接种速度,降低快速繁殖成本。优化操作程序应根据每个接种工人的情况适当进行。比如在保证不污染的情况下可以减少接种工具的灭菌次数,可以剪段多瓶后再将每瓶中的茎段插入培养基等,这些操作的简化可以大大提高接种速度,减少人工的投入。还有研究证明,在进行接种时,将基础苗基部留1～2个叶片,然后加入液体培养基进行培养,这样基础苗可以重复利用4～5次,在较短时间内可较大地提高脱毒苗的繁殖系数,提高培养基和培养物的利用率,降低脱毒快速繁殖的生产成本。

(3)改善培养条件 培养是马铃薯脱毒快速繁殖的最后一个环节。培养条件主要包括温度、光照、湿度等,温度通过空调等设备进行控制,光照一般采用人工补光的方法,培养条件的好坏主要影响脱毒苗的繁殖系数和繁殖速度。通过改善培养条件,使培养室的温度、光照、湿度等达到最适合脱毒苗生长的水平,可以大大提高脱毒苗的生长速度和质量,缩短扩繁周期,增加扩繁系数。另外,采用自然光照代替日光灯进行开放式脱毒苗培养,可以减少电费的投入,大大降低脱毒苗的生产成本。

(4)使用抗菌培养基 近些年来有研究将中药萃取液添加到培养基中控制污染,使用一次性的普通塑料杯(保鲜膜封口)为容器来扩繁试管苗。此培养基不需要高压灭菌,接种操作也是在开放式的条件下进行。抗菌培养基与常规培养基相比,简化组织培养各个环节与相应的配置,可以降低成本,节约能耗。

四、病毒及类病毒检测技术与马铃薯脱毒种薯生产

1. 病毒及类病毒检测技术有哪些？

马铃薯病毒及类病毒检测技术主要有症状观察（包括外部症状观察、内部症状观察）、电镜观察、指示植物法、免疫学技术[包括酶联免疫吸附法（ELISA）、免疫电镜技术、免疫试纸法等]、分子生物学技术[包括反转录-聚合酶链式反应（RT-PCR）技术、分子杂交技术、基因芯片技术等]、聚丙烯酰胺凝胶电泳检测技术（针对马铃薯纺锤块茎类病毒）等。

在田间，感染病毒病的马铃薯植株主要表现为花叶、斑驳、卷叶、黄化、矮化等症状，一般在新叶、新梢上症状最明显，有发病中心或中心病株，植株表面没有线虫病的虫体、细菌的菌脓、真菌的菌丝或子实体等其他病症。通过症状观察即初步判断是否感染病毒病，可能感染了哪种病毒。但由于马铃薯病毒病种类繁多，症状表现复杂，因此要想明确感染病毒的确切种类还需要采用免疫学技术或分子生物学技术进行准确判别。目前，应用于马铃薯脱毒种薯生产中的病毒检测技术主要是酶联免疫吸附法（包括间接酶联免疫吸附法、双抗体夹心酶联免疫吸附法等）、反转录-聚合酶链式反应、聚丙烯酰胺凝胶电泳等方法。

2. 什么是指示植物法？它的优点和缺点是什么？

指示植物法是指依据病毒侵染后鉴别寄主上生产的特定症状特点来判定病毒种类的方法。特定的病毒侵染特定的寄主植物后，如果寄主植物可产生快而稳定并具有特征性的症状，这些植物就可被用作这种特定病毒的鉴别寄主。有时可以组合使用一套鉴别寄主用于特定病毒的检测，此时称为鉴别寄主谱。鉴别寄主谱中一般包括系统侵染寄主、局部侵染寄主和不受侵染的免疫寄主。

指示植物法的优点是方法简单、反应灵敏，只需要很少的毒源。缺点是工作量较大、需要种植大量植物、耗时耗力。另外，寄主植物的症状表现会受到气候或栽培条件的影响而发生变化。

3. 怎样利用指示植物法检测马铃薯病毒？

(1)种植鉴别寄主　利用指示植物法检测马铃薯病毒首先要依据待测病毒种类确定需要种植的鉴别寄主的种类。例如，我国在脱毒种薯生产过程中要求检测的病毒主要有马铃薯Y病毒、马铃薯X病毒、马铃薯卷叶病毒、马铃薯S病毒、马铃薯纺锤块茎类病毒等5种病毒和类病毒，一些地区还要求检测马铃薯A病毒和马铃薯M病毒。如果对一个待测马铃薯样本要进行上述7种病毒和类病毒的检测，就需要种植一批鉴别寄主(建立鉴别寄主谱)，在这个鉴别寄主谱中包含了针对上述7种病毒的所有鉴别寄主。

(2)接种　鉴别寄主谱建立后，在合适的环境条件下培育这些鉴别寄主，用待测马铃薯样本接种鉴别寄主。马铃薯主要病毒中马铃薯卷叶病毒只能通过蚜虫传播，其他病毒和类病毒均可通过汁液传播。因此，在接种鉴别寄主时，一般需要采用汁液摩擦和蚜虫传染等两种接种方法进行。

①汁液摩擦接种的具体步骤。

a. 配制缓冲溶液，一般采用浓度为1%的磷酸氢二钾和亚硫酸钠的混合液（将磷酸氢二钾1克和亚硫酸钠0.1克溶于100毫升冷冻的蒸馏水中即可）或磷酸盐缓冲溶液（0.01摩/升，pH值7.2，称取磷酸二氢钠2.9克，磷酸二氢钾0.2克溶于1升水中即可）。

b. 取病叶样本1克左右加上述缓冲溶液1.5毫升，在灭菌后冷却的研钵中研成匀浆。

c. 将研细的样本，通过小块细纱布过滤至小试管中，将试管放于冰水中备用。

d. 在待接种叶面喷撒金刚砂粉，并用铅笔尖刺一下作为接种过的标志。盆体标明接种日期。

e. 一手托住叶片，另一手手指蘸接种液在叶面上轻轻摩擦接种或用钵棒蘸接种液在叶面上轻轻摩擦接种，接种后用肥皂洗手。

f. 接种后的叶面，用自来水轻轻冲洗，然后将试验植物放在22℃～25℃的隔离温室中培养。

g. 逐日观察接种的植物，特别是接种4～5天后，注意观察症状的发展。

②被蚜虫传染后检测的具体步骤。

a. 准备无毒蚜虫，常用蚜虫为桃蚜的若虫（无翅蚜）。传染实验所用的蚜虫应不带病毒，可饲养在细网眼相对封闭的养虫笼中，在健康油菜上繁殖，温度在18℃～23℃，光照16小时，相对湿度75%～80%。蚜虫一般经过7～14天的培养后转移至新鲜的植株上。

b. 从无病植株取下带有蚜虫的叶片，轻拍在白纸上，不在吸食的蚜虫很容易落下，对于正在吸食的蚜虫，毛笔轻轻触动蚜虫，促使缩回口针后也容易从叶片上落下。切勿用刷子刷叶片或强力拍动叶片。取得的蚜虫轻轻放在有盖的塑料盒内备用。

c. 将塑料盒内的蚜虫,放在黑暗处,使其饥饿。

d. 经过饥饿处理的蚜虫,用细的毛笔移至待鉴定的带毒植株叶片上,叶片放在密闭的塑料盒内。

e. 检查蚜虫是否已经穿刺叶组织吸食,如尾部翘起,即表示正在吸食。

f. 蚜虫在叶组织吸食 48 小时后,将蚜虫用小毛笔单个移到鉴别寄主植株上。

g. 转移前要注意蚜虫的口针是否已经从植物组织退出,如未缩回,可将毛笔轻轻触动蚜虫,促使缩回口针。

h. 每株待接种植物可移 5～10 头蚜虫,使其取食 48 小时。比较简便的方法是令其在植株上过夜,第二天早上用杀虫剂将其杀死。

i. 在传毒饲育期间,测试的植物要放在养虫笼内或塑料繁殖箱内,防止蚜虫将病毒传染到温室内的其他植物上。蚜虫的单个转移是很费时的,大量接种时可将带有蚜虫的叶片或至少有 10 个以上蚜虫的部分叶片,挂在待接种的植株上,叶片萎蔫后,蚜虫即转移至待接种的植物上,经过 48 小时后,用杀虫剂杀死蚜虫。

(3)症状观察 接种后,在适当的条件下培养待鉴别寄主,注意观察寄主的症状表现,依据症状判断待测马铃薯样本所带病毒的种类。

马铃薯 Y 病毒侵染待鉴别寄主后的症状表现:马铃薯 Y 病毒接种普通烟草后可产生系统性的明脉,网脉脉间颜色变浅,形成系统斑驳或花叶症状,也可引起烟草产生系统性的叶脉坏死和茎秆病斑。马铃薯 Y 病毒侵染心叶烟草后可产生中度至重度斑驳或坏死花叶。马铃薯 Y 病毒侵染苋色藜、昆诺藜、洋酸浆、马铃薯“A6”、枸杞、野生马铃薯 Y、野生马铃薯 X 等可产生枯斑症状。

马铃薯 X 病毒侵染待鉴别寄主后的症状表现:马铃薯 X 病毒

接种千日红叶片 5～7 天后叶片出现紫红色环状枯斑。马铃薯 X 病毒接种普通烟草后产生系统环斑或斑驳，叶片表面凸凹不平，叶边缘不齐。马铃薯 X 病毒接种毛曼陀罗，在 20℃下培养 10 天后，叶片出现局部病斑，心叶出现花叶病状。马铃薯 X 病毒接种尖椒叶片 10～12 天后，叶片出现花叶病状。马铃薯 X 病毒接种白花刺果曼陀罗 10 天后，心叶出现花叶病状，叶片产生花叶和斑驳。

马铃薯卷叶病毒侵染待鉴别寄主后的症状表现：马铃薯卷叶病毒侵染马铃薯后，马铃薯叶片形成与叶脉平行的纵向卷曲，叶缘平齐，植株矮化，一般田间症状较明显，可直接识别。马铃薯卷叶病毒接种洋酸浆 20 天后，产生系统脉间褪绿，老叶轻微卷曲，植物矮化等症状。马铃薯卷叶病毒接种白花刺果曼陀罗后，可产生系统脉间黄化症状，出现系统卷叶。

马铃薯 S 病毒侵染待鉴别寄主后的症状表现：马铃薯 S 病毒接种千日红叶片 14～25 天后，叶片出现红色、略微凸出的圆环小斑点。马铃薯 S 病毒接种毛曼陀罗后，出现轻微花叶病状。马铃薯 S 病毒侵染灰藜、苋色藜、昆诺藜后，可产生局部褪绿黄色斑点。

马铃薯纺锤块茎类病毒侵染待鉴别寄主后的症状表现：接种鲁特格尔斯番茄，一般在 27℃～35℃和每天强光照射 16 小时以上，20 天后显症，其上部叶片变窄而扭曲，直至全株；接种莨菪 7～15 天后，叶片出现褐色坏死斑点。

4. 影响指示植物检测法准确性的因素有哪些？如何避免？

接种后，待鉴别寄主能否发病与发病程度受很多因素影响，例如，接种鉴别寄主的种类、植株或器官的龄期、接种植物后期的栽培条件（光照、温度、肥料和土壤温度）等都可能影响接种植物的发病程度。

(1)栽培条件 影响待鉴别寄主症状表现的栽培条件中最重要的是温度、光照和营养条件。温室生长的温度一般控制在18℃～25℃最好。光照不宜过强,应采用中等光照。强光照下培养的植物生长易于老化,不利于病毒的侵染。因此,许多人采取在接种前24小时遮阳的办法。在温带地区,夏季的高温和强光照,有利于寄主植物的生长,但植物对病毒的感病性会降低;相反,冬季的温度低和光照弱,寄主植物生长慢,但对病毒感病性增加。因此,选择适当的季节进行接种试验是非常重要的。植物的营养条件对症状的表现也有所影响,一般来说,有利于植物生长的营养条件,也有利于病毒对它的感染。另外,还应注意及时浇水,使植物生长幼嫩,利于病毒的侵染。

(2)接种材料 接种时使用的病毒汁液一般由病叶制备,也可用块茎制备。一般幼嫩的叶片更合适。

(3)汁液制备 病毒汁液要求尽可能少带植物组织或其他杂质,使用浓度为1%的磷酸氢二钾制备接种汁液可以提高接种效率,有时研磨病组织时加入pH 7～8的Tris缓冲溶液可防止病毒钝化,如果需要也可适当加入一些还原剂如巯基乙醇等。另外,汁液最好使用前制备。

(4)接种 在接种时加入一些磨料可显著增加侵入点。最常用的是金刚砂(碳化硅),细度是300～800目,常用400目。接种时磨料可撒在叶面上即可。

(5)水洗的影响 汁液接种后叶面随即用清水洗净,一般可增加侵染率。

由此可见,采用指示植物法进行马铃薯病毒的检测需要具备一定的经验,操作时需要注意很多细节,同时还需要具备必要环境条件。

5. 什么是酶联免疫吸附检测法？它的优点和缺点是什么？

酶联免疫吸附检测法（即 ELISA）是利用病毒与其抗体间可产生特异性结合反应的现象，将一种催化显色反应的酶标记在病毒抗体上，利用此酶标抗体对待测样品进行检测，通过酶催化显色反应的结果来判断样品中是否携带病毒。基本原理是：取病毒特异性抗血清（或抗体），加到酶标板的小孔中，使抗体分子固定在小孔内壁上，形成一个封闭层；小孔经洗涤后将待测马铃薯提取液加到小孔中，如样品带有病毒，提取液中的病毒可与吸附在孔壁的抗体结合而被固定在小孔内壁上；倒掉提取液并冲洗小孔，除去未被固定的成分；将以共价键结合有标记酶的另一病毒抗体制剂加入孔内，此时孔壁上已经结合有病毒粒体，后加的酶标抗体能识别出固定在抗体层上的病毒并与之结合；倒掉上清液并再次冲洗小孔，以除去未被固定的物质；向小孔中加入酶的底物，在酶作用下产生颜色反应；如果待测样品中没有病毒（即为健康样品），加入的酶标抗体不能结合在小孔内，因而被洗掉，加入底物也不能产生颜色反应，因此小孔内的颜色没有变化。依据孔内颜色变化情况即可判断待测样品中是否携带病毒。双抗体夹心酶联免疫吸附检测法的原理见图 2。

酶联免疫吸附检测法具有灵敏、特异、简单、快速、易于自动化操作等优点，但与 RT-PCR 检测技术相比，酶联免疫吸附检测法的检测灵敏度相对较低。

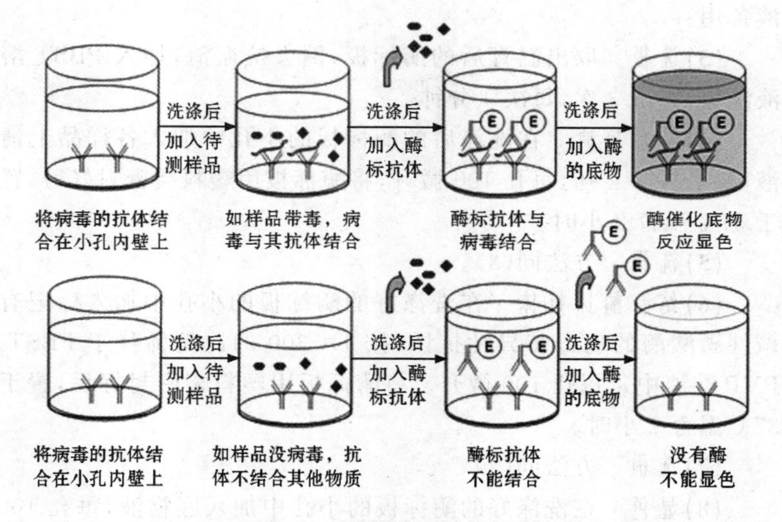

图 2　双抗体夹心酶联免疫吸附检测法的原理

6. 怎样利用酶联免疫吸附法检测马铃薯病毒?

采用双抗体夹心酶联免疫吸附法检测马铃薯病毒的操作步骤如下。

(1)包被抗体　根据待测马铃薯样品的数量配置足够量的抗血清等试剂。将病毒特异性抗血清(按 1∶300 的比例稀释于 PBST-PVP 溶液中)加入酶标板的小孔中,要每个待测样品加入 2 孔,每孔 100 微升,同时设置空白对照和阴性对照。将酶联板放于塑料袋中密封,再置于 37℃温育 2 小时。

(2)准备样品　在包被抗体的同时,取样品组织 0.2 克左右,加入提取缓冲液 1 毫升,充分研磨 10 000 克离心 1 分钟,取上清液备用。

(3)洗板　取出温育后的酶标板，倒去抗血清，加入 PBST 溶液洗板，共洗 3 次，每次 4 分钟。

(4)结合抗原　在洗涤后的酶标板的小孔中加入各样品上清液，每个样品 2 孔，每孔 100 微升，将酶标板用塑料袋密封好后，置于 37℃温育 2 小时。

(5)洗板　方法同(3)。

(6)结合酶标抗体　在洗涤好的酶标板的小孔中加入标记有碱性磷酸酶的病毒特异性抗体(按 1∶300 的比例稀释于 PBST-PVP 溶液中)，每孔 100 微升。将酶标板用塑料袋密封好后，置于 37℃温育 2 小时。

(7)洗板　方法同(3)。

(8)显色　在洗涤好的酶标板的小孔中加入底物液，每孔 100 微升，将酶标板用塑料袋密封好后，放于 37℃温育 0.5 小时，取出观察显色情况或采用酶标仪测定反应结果，阳性反应会产生明显的黄色，阴性反应无明显的颜色变化。

7. 影响酶联免疫吸附检测法准确性的因素有哪些？注意要点有哪些？

影响酶联免疫吸附检测法准确性的因素主要有试剂的质量、仪器的性能、操作的准确性。采用酶标板进行马铃薯病毒的酶联免疫吸附检测法检测时的注意要点如下。

(1)标本的采取和保存　待测样品一般不需要经预处理，采集后可立即检测，也可在－20℃冰箱中保存，在适当的时间进行测定。

(2)试剂的准备　目前，已有很多马铃薯病毒酶联免疫吸附法检测试剂盒可供选择。在进行检测工作之前，首先要按试剂盒说明书的要求准备实验中需用的试剂。在配置试剂时所用的蒸馏水或去离子水，均应为新鲜的和高质量的。自配的缓冲液应使用 pH 计测量校正。从冰箱中取出的试验用试剂应待其温度与室温平衡后使用。

(3)加样 在酶联免疫吸附检测法检测操作中，一般有 3～4 次加样步骤，样品应加到酶标板板孔的底部，避免加在孔壁上部，并注意不可溅出，不可产生气泡。加样时使用移液器进行，配合使用一次性吸嘴。每次加标本应更换吸嘴，以免发生交叉污染。加酶标抗体溶液和底物溶液时，最好使用定量多道移液器，可使加液过程迅速完成。

(4)保温 在酶联免疫吸附检测法检测中，一般有两次抗原抗体反应，抗原抗体反应的完成需要有一定的温度和时间，这一保温过程称为温育。温育一般采用 37℃水浴 1～2 小时，为避免蒸发，板上应加盖，也可用塑料贴封纸或保鲜膜覆盖板孔。注意温育的温度和时间，应按规定力求准确。为保证准确性，一个人操作时，一次不宜多于两块板同时测定。

(5)洗涤 在酶联免疫吸附检测法检测操作中，洗涤是最主要的关键技术，应引起操作者的高度重视，操作者应严格按要求洗涤。具体操作步骤为：吸干或甩干孔内反应液；用洗涤液洗 1 遍(将洗涤液注满板孔后，再甩去)；浸泡，即将洗涤液注满板孔，放置 1～2 分钟，间歇摇动，浸泡时间不可随意缩短；吸干孔内液体，吸干应彻底，可甩去液体后在清洁毛巾或吸水纸上拍干；重复进行浸泡和吸干孔内液体，洗涤 3～4 次(或按说明规定)。在间接法中如本底较高，可增加洗涤次数或延长浸泡时间。

(6)显色 显色反应的温度和时间仍是影响显色的重要因素。定性测定的显色可在室温进行，时间一般不需要严格控制，可根据阳性对照孔和阴性对照孔的显色情况适当缩短或延长反应时间，及时判断。一般在 37℃左右反应 20～30 分钟后颜色不再加深即可，如再延长反应时间，可使本底值增高。因此，最好在 20～30 分钟内目视判断或用仪器检测结果。

(7)结果判断 在酶联免疫吸附检测法检测中，阳性孔（含有病毒）色深于阴性孔，定性结果可以用肉眼判断。目测如无色或近于无色者判为阴性，显色清晰者为阳性。

8. 什么是反转录-聚合酶链式反应检测技术？它的优点和缺点是什么？

反转录-聚合酶链式反应，即 RT-PCR 检测技术，是通过测定马铃薯样品中是否含有病毒基因来判断其是否带毒的检测方法。

马铃薯病毒的 RT-PCR 检测技术具有高度的灵敏性，这是目前其他方法所无法比拟的。从理论上讲，只要所取的马铃薯样本中带有一个病毒，利用 RT-PCR 技术就可以将其检测出来。RT-PCR 检测时间较其他方法短，快速、灵敏的特点是其最大优势。另外，Real-time RT-PCR 技术还可实现定量检测，也是目前其一大优势。但如果引物设计不当或操作不当也可能出现假阳性问题（错判）或假阴性问题（漏判）。

9. 怎样利用反转录-聚合酶链式反应法检测马铃薯病毒？

采用常规反转录-聚合酶链式反应法技术检测马铃薯病毒一般可包括以下 5 个步骤。

(1)引物的设计与合成 根据已知病毒基因序列，设计可用于病毒 RT-PCR 检测的引物，也可直接利用文献报道的引物序列，通过生物技术公司合成引物。

(2)病毒 RNA 的提取 目前已经有很多公司提供多种植物

RNA 提取试剂盒，可选择购买，按照试剂盒提供的操作步骤进行马铃薯样品的 RNA 提取。

(3)反转录合成 cDNA 第一链 以待测马铃薯样品的 RNA 为模板，在 3′端引物的引导下，由反转录酶催化合成 cDNA 第一条链。具体操作步骤：先取 5×M-MuLV 反转录酶缓冲液 5 微升，40 毫摩/升 dNTPs（每种 10 毫摩/升）1 微升，RNasin（40 U/微升）1 微升，M-MuLV 反转录酶（20 U/微升）1 微升，加入 DEPC 处理过的 ddH_2O 7 微升，再将上述反应物混合均匀后置于 37℃水浴 1 小时，然后 95℃灭活 5 分钟，所得产物即为 cDNA 第一链，可于－20℃条件下保存备用。

(4)PCR 扩增目标 DNA 片段 取一定量的反转录产物，加入过量引物、Taq DNA 聚合酶、dNTPs、PCR 反应缓冲液，在 PCR 仪中进行基因的扩增。具体操作步骤：取上述反转录产物 2.5 微升，5′端引物 2.5 微升，3′端引物 2.5 微升，dNTP 1.0 微升，10×缓冲溶液 2.5 微升（含 $MgCl_2$），Taq DNA 聚合酶 0.5 微升，ddH_2O 13.5 微升，将上述反应物混合均匀后置于 PCR 仪中。反应条件为：首先 94℃ 10 分钟，然后 94℃ 30 秒，40℃～60℃ 30 秒，72℃ 1 分钟，第 2 步到第 4 步反复进行 30 个循环后，72℃ 10 分钟。所得产物进行琼脂糖凝胶电泳检测。

(5)结果分析 采用琼脂糖凝胶电泳分析扩增产物，对于阳性反应扩增产物中应出现特定大小的电泳条带，而阴性反应无此电泳带。

10. 影响反转录-聚合酶链式反应法准确性的因素有哪些？

(1)引物的保守性 由于马铃薯病毒的基因序列变异性极高，因此引物必须选定在病毒基因组中的高度保守序列区，否则可能由于基因变异而使引物失效,出现检测的假阴性问题,结果会造成漏检。应对策略:在进行引物设计时,尽可能将已公布的基因序列全部用于保守区的分析,尽可能选取在所有病毒分离物的基因序列中都保守的序列区。如果确实无法找到在病毒的全部已知基因序列中完全保守的区域,可考虑两套解决方案:一是选择在3′端至少有10个核苷酸完全保守、5′偶尔出现变异位点的区段设计引物;二是针对不同序列设计多对引物,采用多重反转录-聚合酶链式反应方法进行检测。

(2)PCR反应条件 如果反转录-聚合酶链式反应条件不当,也可能出现假阴性。应对策略:在反转录-聚合酶链式反应方法建立之初,必须对反转录-聚合酶链式反应条件进行充分的优化,以保证只要样本中有病毒存在即可将其检出。在反转录-聚合酶链式反应条件优化中特别需要考虑的是退火温度的选定,在试验中可先选择一个较低的退火温度,在此条件下,只要引物适当就可将目的基因片段扩增出来,但可能有非特异扩增(杂片段)出现,接下来可逐渐提高退火温度去除杂片段以达到最佳检测效果。

(3)关于假阳性问题 在进行反转录-聚合酶链式反应检测时,可能会因为各种原因使检测结果出现假阳性,即空白对照中也扩增出目的基因片段,其原因主要是靶序列或扩增产物的交叉污染。应对策略:操作时小心轻柔;除酶及不能耐高温的物质外,所有试剂和器材均应高压消毒;所用离心管和加样器枪头等均使用一次;各种试剂最好先进行分装,然后低温贮存。

(4)非特异性扩增问题 在利用反转录-聚合酶链式反应检测时,经常会出现非特异性扩增条带,即扩增出的基因片段不是目标基因片段。这些非特异扩增片段可能与目标基因片段大小不等,也可相等或非常接近。如果非特异性扩增片段大小与目标基因片段相等或非常接近,在利用电泳检测PCR扩增结果时就无法将此非特异性扩增产物与目标基因片段区分开来,从而导致假阳性问题。其产生的主要原因有引物特异性差，导模板或引物浓度过高，酶量过多，镁离子的浓度偏高，退火温度偏低，循环次数过多等。应对对策：重新设计引物或使用巢式 PCR，适当降低模板或引物浓度，适当减少酶量，降低镁离子浓度，适当提高退火温度或使用二阶段温度法，减少循环次数等。

11. 怎样检测马铃薯类病毒？

马铃薯类病毒的检测技术主要有，症状观察（外部症状观察）、指示植物法、分子检测技术（反转录-聚合酶链式反应技术）、聚丙烯酰胺凝胶电泳检测技术等。

(1)症状观察　感染马铃薯纺锤块茎类病毒后的症状表现可依据马铃薯的品系、品种、环境的不同而不同。通常表现为患病植株分枝减少；叶片与主茎成锐角向上耸起；顶部叶片变小，顶叶卷曲，有时顶部叶片呈紫红色，植株矮小，植株生长习惯改变（当从上向下观察时，叶片垂直，叶序呈顺时针方向排列）。出现轻微症状或无症状表现为块茎变小，由圆变长，变形为梭状和哑铃状；与健康块茎相比较，感病块茎的芽眼变浅，芽眉突出，块茎表皮有纵裂口。

(2)指示植物法　常用的鉴别寄主有鲁特格尔斯番茄和莨菪，方法前面已讲过，此处不再重复。

(3)反转录-聚合酶链式反应技术　具体操作方法如前所述。

(4)聚丙烯酰胺凝胶电泳检测技术

a. 进行核酸的提取。取试管苗植株 3 厘米长，放在研钵中，加入液氮后研碎，加 1 毫升缓冲溶液（0.53 摩/升 NH_4OH，0.013 摩/升 EDTA，用 Tris 调 pH 值 7.0，加入 4 摩/升 LiCl），再加入 1%皂土和 1 毫升 0.05 摩/升 Tris 溶液饱和酚（含 0.1 克 8-羟基喹啉），在整个提取过程中，保持样品温度在 4℃～5℃，然后放入离心管中，在4℃条件下7 710克离心15分钟，取上层核酸液加入2倍体积的乙醇，在－20℃放置30分钟，然后每个样品中加入20微升的4摩/升醋酸钠，通过离心收集沉淀。在空气中自然干燥，加入高盐缓冲溶液100微升(40毫摩/升 Tris，20毫摩/升 NaAc，2毫摩/升 EDTA)，然后将核酸放入冰箱冷冻保存或直接进行电泳。

b. 进行电泳检测。在提取的核酸溶液中加入40％蔗糖和10微升由1％二甲苯兰、1％溴酚蓝组成的指示剂。将电泳槽固定好，用浓度为1％的琼脂封好，倒入制好的胶液(浓度为5％的丙烯酰胺，浓度为0.25％的N′N′2亚甲基双丙烯酰胺)。每个样品孔加入核酸样品15微升。第一次电泳的电泳缓冲溶液为1×TBE，电压100伏，电流25毫安，电极为从正极到负极，电泳时间为4小时，电泳在常温下进行，当二甲苯兰指示剂迁移至胶板与琼脂糖封口的交接处时，停止电泳。第二次电泳，调换电泳电极，电泳温度为65℃～70℃，在恒温箱中进行，电泳电压为200伏，电流为75毫安，电泳时间为1.5小时。第三步进行结果分析，电泳结束后，将凝胶取下，放入含有200毫升固定液(体积分数为10％的乙醇，体积分数为0.5％的乙酸)的塑料盘中，振荡10分钟，倒掉固定液，加入200毫升染色液(浓度为0.15％～0.2％的硝酸银溶液)，染色15分钟，将硝酸银倒回瓶中，用蒸馏水漂洗4次，每次15秒，再加入200毫升显影液(0.4摩/升氢氧化钠，2.3毫摩/升硼氢化钠，浓度为0.4％甲醛)轻轻振荡，直到显出清晰的核酸带为止。倒掉显影液，用自来水洗涤凝胶，加入浓度为0.75％的碳酸钠溶液增色，然后将凝胶铺在玻璃板上，进行观察。

12. 马铃薯脱毒种薯生产的哪些环节需要进行病毒检测?

病毒检测在脱毒种薯生产的两个阶段是必须要做的工作,不然就不能称其为脱毒种薯的生产了。

第一个阶段是在茎尖组织培养获得成苗后,必须通过灵敏度较高的病毒检测技术对茎尖苗主要病毒(类病毒)类型进行检测,并根据检测结果从茎尖苗中筛选出不带病毒的作为下一步繁育的母苗(既常规意义上的马铃薯脱毒苗)。这一阶段的病毒(类病毒)检测工作是至关重要的,是决定整个繁育过程种薯质量的基础,因此也是必须进行的。有些脱毒种薯生产者想当然地认为通过茎尖剥离"切一刀"就可以不进行病毒检测而进行生产应用的观点是非常错误的,实践证明,通过茎尖组织培养获得的试管苗几乎没有可能达到百分百的"无毒",相反,因为受剥离材料本身带病毒的情况和剥离操作技术熟练程度的影响,脱毒率常常是很低的。

第二个阶段必须要进行的病毒(类病毒)检测的是经过2～3年快速繁殖应用后的脱毒苗,如果仍要作为母苗快速繁殖生产前,必须再次检测确定母苗的带病毒状况。因为任何病毒检测技术都有一定限度,它只是能检测到它灵敏度之内的病毒(类病毒),病毒(类病毒)浓度低于它的检测范围后就无法检测到了,但并不是不存在。我们通常所说的通过检测获得的脱毒苗是相对于检测技术的灵敏度而言的,不是绝对意义上的脱毒苗,也就是说这些所谓的脱毒苗不是没有病毒,而只是浓度低到了我们的检测范围之外,因此,脱毒苗经过2～3年的积累后,必须要经过再次的检测,检测为阴性可以用于生产,如果为阳性,那么需要更换母苗以保障生产质量。

病毒(类病毒)检测技术在脱毒种薯生产其他阶段的应用主要

作用是对脱毒种薯质量的监控。目前我们国家对各级别脱毒种薯标准有明确的指标，衡量种薯是否达到相应的标准，病毒（类病毒）检测技术是不可或缺的技术之一。

13. 在马铃薯脱毒种薯生产中哪些病毒及类病毒作为最重要的检测目标？

我国马铃薯脱毒种薯生产标准（中华人民共和国国家标准马铃薯脱毒种薯 GB 18133—2012）要求在马铃薯脱毒种薯生产中必须检测的病毒有马铃薯 Y 病毒（又称马铃薯重花叶病毒）、马铃薯 X 病毒（又称马铃薯花叶病毒）、马铃薯 S 病毒（又称马铃薯潜隐性花叶病毒）、马铃薯卷叶病毒、马铃薯纺锤块茎类病毒，个别地区还要求检测马铃薯 A 病毒、马铃薯 M 病毒，可见马铃薯卷叶病毒、马铃薯 Y 病毒、马铃薯 X 病毒、马铃薯 S 病毒、马铃薯纺锤块茎类病毒、马铃薯 A 病毒、马铃薯 M 病毒等病毒（类病毒）是病毒检测中最为重要的检测目标。

14. 马铃薯茎尖苗的检测利用哪种方法更利于保障脱毒质量？为什么？

马铃薯茎尖苗的检测应采用 ELISA 或 RT-PCR 技术进行检测更利于保障脱毒质量。由于茎尖苗是脱毒种薯生产过程中的上游起始材料，还需要经过原原种、原种一代、原种二代等多级扩繁才能真正应用于生产，因此，如果茎尖苗携带病毒或类病毒，即使含量极其微小也会在后面的扩繁中逐代积累、放大，严重影响脱毒种薯的质量。由此可见，对茎尖苗的检测必须采用灵敏度更高的方法进行。

15. 如何合理制定马铃薯脱毒种薯生产中的病毒检测规程?

在马铃薯脱毒种薯生产中,脱毒试管苗、原原种、原种一代、原种二代均需要进行病毒检测。其中,脱毒试管苗每个株系必须经过2次以上的检测,确认脱毒后才能用做生产性扩繁,若检测出病毒则淘汰整个株系。扩繁试管苗按2%的比率随机取样。脱毒原原种的检测主要在生产过程中进行。每批脱毒苗定植于温室或网室后,每批根据情况取40～80个随机样品检测,发现病毒,立即淘汰。原种一代、原种二代检测在开花前期和开花期进行3次,每次随机取样667米^2 50～100个样品,或采用五点取样法取样,每点取10～20个植株。块茎检测取样每667米^{2}为100个块茎,或1 500～2 000千克种薯取样100个块茎,检测结果用病薯率(%)表示。要求脱毒试管苗和原原种不能检出病毒,原种一代和原种二代的最高检出率一般在0.5%～4%。

16. 怎样利用病毒及类病毒检测技术提高脱毒种薯生产效益?

我国马铃薯种植面积与总产量均居世界之首,但我国马铃薯单产却低于世界平均单产。单产低的主要原因是我国马铃薯良种繁育体系不够健全。目前,我国马铃薯脱毒种薯的播种面积为15%左右,自留种仍占较大比重,而且我国马铃薯基础原种的扩繁工作主要由个人、科研所以和一些社会组织承担,在人员技术上参差不齐,脱毒种薯的生产还缺少一个权威的种薯质量检验、监测与认证中心进行有效监管。

要想提高我国马铃薯单产,必须加大脱毒种薯的生产,加大病毒及类病毒检测技术的推广力度，培训出更多的具备良好检测技能的专门人才，加大脱毒种薯生产过程中的各级材料的病毒检测，提高种薯质量。同时，建立有效的脱毒种薯监管体系，建立具有权威性的马铃薯脱毒种薯的质量检验机构，加强种薯质量监管，从而提高脱毒种薯的质量和生产效益。

五、繁育技术与马铃薯脱毒种薯生产

1. 脱毒种薯繁育体系应包括哪几个部分？

马铃薯脱毒种薯是通过特定的种薯繁育体系来生产的。脱毒种薯繁育体系是由茎尖培养、病毒检测、切段快速繁殖，微型薯原原种生产，原种生产和脱毒种薯生产等多个生产环节组成的。脱毒种薯繁育不是简单的种植扩繁，各生育环节都需要一些必备的条件以防御病毒的感染和传播。例如微型薯和原种生产需要用网棚进行隔离；一、二级脱毒种薯繁育无法进行网棚隔离，但仍需要空间隔离和相应的防止病毒再侵染的技术措施。由于各栽培区域气候特点不同，形成了各具地域特色的繁育体系，规模最大的为北方一作区马铃薯种薯繁育体系，一般为 4 年 4 级制；较有特点的是中原二季作区繁育体系，由于是春秋两季栽培，因此有 2 年 3 代和 3 年 4 代 2 种模式。一个地区最佳繁殖代数的确定，要根据当地的繁殖条件和管理水平，条件好、管理水平高的地区可以适当增加繁殖代数，但也不宜超过 4 代。

2. 脱毒种薯繁育的原则是什么？

种薯生产是马铃薯产业最重要的物质基础，种薯质量的优劣直接关系到马铃薯的产量和质量。只有优良的马铃薯脱毒种薯，才能充分发挥马铃薯品种的各种生理生态特征，取得马铃薯生产的最大效益。为获得优良的马铃薯脱毒种薯，在种薯繁育时必须掌握以下原则。

(1)种性 种性是指种薯所具有的该品种典型的特征特性。在马铃薯脱毒快速繁殖过程中,往往由于培养基中添加植物生长调节剂以和其他因素可能会导致脱毒苗出现变异。因此,在进行种薯生产前,必须少量试种进行品种鉴定,淘汰变异株系,确保用于生产的种薯具有良好的种性。

(2)纯度 纯度是种子生产的一个重要指标,种薯混杂多是在种植、收获、运输和贮藏等过程中造成的。我国马铃薯脱毒种薯质量标准对种薯纯度做了明确规定,要求原种纯度达到100%,种薯纯度达到99%以上。进行脱毒种薯生产时,要定期对种薯田进行去杂2～3次,收获期淘汰混杂的异形块茎,以保证种薯纯度达到国家质量标准。

(3)健康 健康是指种薯无病、无退化、无缺陷、无冻伤等。马铃薯种薯生产必须控制的病害主要有病毒病、黑胫病、青枯病等;必须淘汰的病害主要有马铃薯纺锤块茎类病毒、环腐病、癌肿病等。种薯生产质量标准还对疮痂病、干腐病、晚疫病等常见病害和薯块缺陷、冻伤等生理病害进行明确规定。因此,病害防治在种薯生产中尤为重要,要做到以防为主,防治结合。

(4)产量 产量直接决定种薯生产的效益,因此是种薯生产中必须考虑的一个原则。脱毒种薯生产时,在保证种子种性、纯度、健康等优良性状的同时,产量越高,效益越高。因此,在进行种薯繁育时,通过采取各种高效栽培措施,最大可能地发挥脱毒种薯的产量潜力。

(5)块茎大小 小型种薯可以整薯播种,减少了病害感染和传播的途径,并且用种量低,顶端优势强从而具有极强的增产潜力。因此,小型种薯是现在种薯生产中的方向,从而使块茎大小也成了种薯繁育中必须考虑的一个原则。生产小型种薯可以通过合理密植和早收等综合技术措施,既可以实现种薯的小型化,又可以保证产量，获得种薯繁育的效益最大化。

3. 什么是微型薯(原原种)?

在防虫温室、网棚或培养瓶内，通过诱导脱毒苗直接结薯或将脱毒苗通过基质栽培、喷雾栽培等手段，生产1～20克的微小块茎称为微型薯，也叫原原种，在屈冬玉等提出的三代种薯繁育体系中又叫第一代种薯。微型薯工厂化生产是将植物组织培养技术、无土栽培技术、扦插快速繁殖技术相结合，大规模、高标准生产马铃薯脱毒种薯的新技术。微型薯也称为核心种或基础种薯。微型薯在经过一定隔离措施繁殖2～3年，才能生产出脱毒种薯，并用于大田的商品薯生产。

4. 微型薯对脱毒种薯生产效益有什么影响?

微型薯是脱毒种薯繁育体系的基础薯种，对种薯生产效益的影响主要体现在以下两个方面。

(1)加快种薯繁育速度 微型薯生产由于主要采用植物组织培养技术、无土栽培技术、扦插快速繁殖技术等现代化生产技术，其生产成本相对较高。但由于微型薯是在人工控制的环境里将各种生态因子调控到最佳状态，能够高密度栽培，并且植株发育快、生育期缩短，可进行多茬次周年生产，因此，与常规种薯生产相比，大大加快了脱毒种薯的繁育速度。

(2)提高种薯繁育质量 由于微型薯是采用无土栽培技术繁育，并且是在封闭条件下进行，因此，生产上避免了很多病害的发生以及克服了重茬和连坐障碍，能够源源不断为生产提供健康的原原种，从而提高脱毒种薯的繁育质量。

5. 微型薯生产的目标是什么？

微型薯是马铃薯脱毒种薯繁育的基础种薯，其生产技术日渐完善，已经初步实现工厂化生产。微型薯生产的主要目标如下。

(1)产量高 微型薯个体小，单粒重2克以上的微型薯即可作为原原种进行脱毒种薯原种生产，因此，微型薯的产量指标主要以单株结薯数为主。生产上可通过改进繁育方法、完善栽培技术等手段来提高微型薯生产的单株结薯数，从而提高微型薯的生产产量和生产效率。

(2)质量好 微型薯生产主要采用无土栽培技术繁育，并在封闭环境下进行，虽然能够避免很多病害源的侵染，但严格进行病虫害防治，努力提高微型薯质量仍是生产上的主要目标之一。

(3)成本低 微型薯生产与常规种薯生产相比由于采用无土栽培技术，生产环节多，生产投入较大，因此，微型薯的生产成本一直居高不下，成为制约脱毒种薯生产及其产业发展的主要因素。目前，关于降低微型薯生产成本的研究越来越多，各项技术也越来越完善，尤其是微型薯的工厂化生产，为微型薯低成本、高效率生产搭建了一个很好的平台。

6. 微型薯的繁育技术有哪些？

微型薯繁育技术主要有瓶内直接诱导试管薯、基质栽培生产微型薯和喷雾栽培生产微型薯3种方法。

(1)瓶内直接诱导试管薯 脱毒苗大量繁殖到一定数量后，将脱毒苗转入加入植物生长调节剂的试管薯诱导培养基中，置于有利于结薯的低温（18℃～20℃）、黑暗或短光照条件下培养，半个月后，即可在植株上陆续形成小块茎，1个月即可收获。试管薯很小，直径只有2～10毫米。

(2)基质栽培生产微型薯 基质栽培生产微型薯是指当外界温度合适时，将扩繁后的脱毒苗移栽到温室或网棚内的基质中进行微型薯生产，该技术将无土栽培技术、扦插快速繁殖技术有机结合起来，是一项目前普遍使用的大规模、高效率的微型薯生产技术。通常采用的基质有蛭石、草炭、菇渣、无菌细砂等，为了补充基质中的养分，可施入适当的肥料，在栽培中还可人工喷施营养液，以提高微型薯的产量。

(3)喷雾栽培生产微型薯 喷雾栽培生产微型薯是近几年发展起来的一项新技术。该技术不采用任何基质，而是将脱毒苗定植到栽培床上，保持根部黑暗条件，定时将营养液雾化后喷到根系上以供给植株生长所需的养分，块茎成熟后可分批采收，一直采收到最后。喷雾栽培平均单株结薯数可达30～50粒，最高可达100粒左右。

7. 基质栽培生产微型薯的优点和缺点是什么？

基质栽培是马铃薯脱毒微型薯生产中被普遍应用的一种生产技术，这是因为这种栽培模式相对于其他栽培模式有以下优势。

(1)相对于土壤栽培的优势 基质栽培生产微型薯，用基质代替土壤，避免了许多土传病害的危害，特别是克服了大田生产难以克服的重茬和连作障碍，为生产健康种薯提供了条件。

(2)相对于喷雾栽培的优势 基质栽培相对于喷雾栽培而言，对设施、设备的要求相对较低，管理技术更容易掌握，微型薯产量相对较稳定，而且基质栽培生产的微型薯在贮藏过程中不易发生病害，与喷雾栽培生产的微型薯相比，损耗较少。

(3)相对于试管薯生产的优势 基质栽培生产微型薯采用脱

毒苗扦插技术。脱毒苗扦插时可以采用多次扦插技术，从而大大提高了种薯的繁殖速度，减少脱毒苗的使用量，与试管薯生产相比降低了脱毒种薯的生产成本。另外，基质栽培仅需要网棚、温室和基质即可进行生产，与试管薯生产相比，对设施、设备的要求较低，因此，基质栽培生产微型薯技术很容易在生产上进行大面积推广和应用。

基质栽培生产微型薯虽然存在以上诸多优势，但由于基质连年使用，病害发生严重，尤其是在基质栽培生产中普遍使用的蛭石连续使用后颗粒变细，透气性差，疮痂病经常发生，严重影响了微型薯的质量。为避免病害发生，需定期对基质进行消毒和更换，这就在很大程度上增加了生产成本。另外，在栽培管理过程中人工投入也相对较大，导致微型薯生产成本较高，从而制约了微型薯的推广和应用。

8. 基质栽培生产微型薯的关键环节有哪些？

基质栽培生产微型薯是用基质代替土壤生产微型薯的一种生产模式，是工厂化生产微型薯普遍应用的一种方法。基质栽培生产微型薯有 4 个主要技术环节，包括基质的选择与准备、脱毒苗扦插与生根、肥水管理与病虫害防治等栽培管理和微型薯收获等。以上每个环节都直接影响微型薯生产的产量和质量，从而对脱毒种薯的生产效益起着至关重要的作用。

9. 基质栽培生产微型薯需要的基本设施、设备有哪些？

基质栽培生产微型薯主要是以脱毒苗扦插技术、基质栽培技术为基础，要求生产过程中防虫、防病，特别要求防止病毒的再次侵染,以保证脱毒薯的质量,因此,基质栽培生产微型薯要具备以下基本设施、设备。

(1)防虫温室(网棚) 用于脱毒苗扦插和微型薯生产。温室或网棚的防虫网应在40目以上,这样才能起到防止蚜虫的作用。温室、网棚入口处要有缓冲间,进出随手关门,防止虫源侵入。微型薯生产过程中,应严格检查温室、网棚的顶部、四周的严密程度,并对孔洞、缝隙及时进行补救。制作防虫网的材料种类较多,主要包括不锈钢、铜、聚乙烯、尼龙、玻璃纤维和合成材料等,其中由不锈钢、铜制作的防虫网耐久性和强度最好,但价格昂贵,尼龙材料成本低,但耐久性差,通风阻力大,所以生产上应用较少。玻璃纤维和聚乙烯及其合成材料强度大、耐腐蚀、无毒、无味、耐虫蛀,是目前马铃薯脱毒种薯生产上主要应用的防虫网材料。防虫网正常使用寿命一般在3～5年,因此,网纱重复使用2～3年后,应及时进行更换,以防严重老化给生产带来不必要的麻烦。

(2)苗床、苗盘 主要用于盛放基质进行脱毒苗移栽、扦插,试管薯栽培等。苗床可以因地制宜用砖块、石棉瓦或塑料板等材料来制作,要求具有保水和排水功能,并且底部要求与土壤完全隔离。苗床的深度为15～20厘米,为了操作方便,宽度一般以1.0～1.2米为宜,苗床的长度可以根据设施情况而定。生产上为搬运和管理方便,尤其是在基础苗移栽时,可以采用苗盘代替苗床。苗盘大小可根据栽培环境的摆放要求而定,但深度必须能够满足脱毒苗生长和结薯的需要。选择苗盘时,尽量选用经济耐用的材质,底部一定要有排水通气孔,以保证试管苗的正常生长。

(3)保温遮阳设备 主要用于保温和避免阳光直射,为扦插苗生根和生长提供良好环境。保温设备主要有塑料膜、草苫或棉被等,如果条件允许还可以安装锅炉、管道等进行保温。遮阳设备主要为遮阳网,通常为黑色和浅灰色,以黑色遮光效果最好。遮阳网常用规格为长50～100米,宽1～10米,可按温室和大棚定制长和宽。

(4)供水系统 主要用于脱毒苗浇水、浇营养液等。用于微型薯生产的温室或网棚应有水源，并根据浇水方法安装相应的供水系统。采用人工浇水时水源处应安装水龙头，并连接足够长的软管和喷头。采用自动喷灌浇水时应安装自动喷灌系统，自动喷灌系统主要包括管道、阀门和喷头等。在安装供水系统的同时，还应准备几个喷壶用于小面积补水或浇营养液等。

(5)常用工具 脱毒苗扦插和微型薯生产时，还需要有用于施药的喷壶、喷雾器等，用于配制营养液的塑料桶等，用于脱毒苗扦插的剪刀、镊子、烧杯、保鲜盒等，同时还要有大批量的用于贮存微型薯的周转筐等。

10. 基质栽培生产微型薯常用的基质有哪些？都有哪些特点？

无土栽培基质是一种用于固定马铃薯植株，提供根系水分和营养的基础物质，是基质栽培生产微型薯的重要组成部分，它直接影响微型薯生产的效果。因此，了解基质的种类和性能对改进栽培方法、降低生产成本、提高生产效益具有很重要的意义。生产上常用于基质栽培生产微型薯的基质种类如下。

(1)蛭石 蛭石是基质栽培生产微型薯最常用的基质之一。蛭石属于云母族的次生矿物，质地轻，孔隙度很大，具有良好的透气性，也有一定的保水性。我国蛭石资源十分丰富，辽宁、吉林、黑龙江、北京、河北、山东等地均有生产供应，取材方便。因此，蛭石在马铃薯微型薯生产中应用非常普遍。

(2)草炭 草炭是由半分解的植被组成，质地细腻，透气性差，持水与保水力强，富含有机质，含有作物所需要的大部分养分。在微型薯生产中，由于草炭价格较贵，一般不单独使用，可以与蛭石混合使用，这样可以更好的发挥两种基质的优点，以提高其利用效果。

(3)菇渣　菇渣是人工培养蘑菇后废弃的培养基质。菇渣富含各种营养物质，具有较好的保水保肥能力。菇渣使用前必须将其堆成堆，加水湿透，为防止虫害，还可以同时添加杀虫剂等，盖上塑料布堆沤 3～4 个月，然后晒干、打碎、过筛备用。菇渣不宜单用做基质，一般与沙、蛭石等混合使用。

(4)珍珠岩　珍珠岩为含硅物质的矿物，经筛选后，需在炉中加热到 760℃，形成直径为 1.5～3 毫米膨胀疏松的颗粒体。珍珠岩由于质地轻，单独使用时会因根系接触不良而影响发育。因此，珍珠岩多与其他基质混合使用，可大大提高其使用效果。

能够用于基质栽培生产微型薯的基质还有很多，比如河沙、腐熟马粪、蚯蚓粪、甘蔗渣、炉渣等，基质的选用，可以根据当地的资源进行就地取材，这样可以充分利用当地资源，减少生产投入，降低微型薯的生产成本。

11. 怎样进行基质消毒？

基质同土壤一样如果重复使用，极易发生病虫害，复种次数越多，病虫害越严重。因此，基质重复使用前必须进行消毒处理，主要有如下几种常用的方法。

(1)蒸汽消毒　蒸汽消毒是一种简便易行、效果明显的方法。蒸汽消毒必须具有蒸汽加温设备，消毒前，将基质装入消毒柜或箱内，由通气管道通入蒸汽，一般在 70℃～90℃下，消毒 15～30 分钟即可取得良好的效果。

(2)化学药剂消毒　化学药剂消毒没有蒸汽消毒安全，常用的消毒剂主要有如下几种。

a. 甲醛。为良好的杀菌剂，将原液稀释 50 倍，用喷壶将基质均匀喷湿，覆盖塑料薄膜24小时左右，经风干2周以后使用。

b. 氯化苦。对土壤病虫有较好的消毒效果。消毒前将基质堆成堆，基质上每隔一定位置打深孔，将氯化苦灌入孔内，并将孔堵住，覆盖塑料薄膜，经7～10天熏蒸消毒后，晾7～8天后即可使用。

工厂化生产微型薯，基质使用量较多，采用蒸汽消毒时工作量非常大，费工费时；化学药剂消毒操作复杂，安全性低，效果又往往不太理想。因此，实际生产中经常采用夏季高温闷棚、冬季撤棚、使用土壤杀菌剂等措施进行简单的基质消毒和环境消毒。

12. 马铃薯脱毒苗扦插前的准备工作有哪些？

脱毒苗扦插前的准备工作主要如下。

(1)脱毒苗准备 在扦插前应根据脱毒苗需求量和待扩繁基础苗数量、繁殖系数和繁殖周期，制定脱毒苗繁育计划。比如需要脱毒苗5万株，基础苗数量为100株，繁殖系数为5，繁殖周期为30天，扦插时间为9月20日左右。从100株基础苗开始依次扩繁的数量为500株、2 500株、12 500株，62 500株，也就是基础苗经4次扩繁后可以达到扦插需要的脱毒苗数量。扩繁时间可以采用倒推的方法，9月20日扦插，最后1次扩繁时间应为8月20日左右，依次类推，第1次扩繁时间应在5月20日左右。以上是理论计算值，在实际生产上，还应考虑到脱毒苗污染、生长不良、接种周期较长等情况，因此，扩繁数量都应比理论值稍多，快速繁殖时间也应尽早不尽晚，这样才能保证繁育计划正常进行。

(2)设施、设备及工具准备 脱毒苗扦插前，应提前准备好温室（网棚）、苗床（苗盘）、基质等。温室（网棚）用不低于40目的网纱封闭好，门窗、接缝等处也要求密接无缝。温室（网棚）和所有器具均要进行熏蒸消毒，或用50～100倍甲醛溶液、多菌灵消毒。扦插前1天,要将基质浇水、拌匀、铺平备用。春季扦插,要提前几天密闭温室(网棚),提高基质和环境温度,以利于扦插苗缓苗和生根。

13. 配制基质的关键技术是什么?

基质是脱毒苗生长的主要载体,基质配制的好与坏对脱毒苗扦插及扦插后成活率有非常重要的作用。配制基质的关键技术介绍如下。

(1)基质的选择 经试验发现,蛭石由于其较好的理化性质,成为基质栽培生产微型薯效果最好的基质。有机基质比如草炭、菇渣、腐熟马粪虽然富含各种营养物质,但由于纤维比较长,甚至有的颗粒比较大,不利于扦插操作,脱毒苗成活率与蛭石相比较低。因此,有机基质在微型薯生产上往往不单独使用,但可以与蛭石配合使用。配制基质时,可以将有机基质铺在苗床或苗盘的下层,上层铺厚度为5厘米左右的蛭石,这样既方便了扦插,提高了成活率,当脱毒苗生根后,根系扎入下层有机基质,又能充分吸收有机基质中的营养,为脱毒苗的生长创造了良好的基础,脱毒苗生长健壮,根系发达,微型薯产量和质量都有明显提高。

(2)肥料的使用 脱毒苗扦插后所需要的营养可以通过营养液浇灌的方法供给,也可以直接在基质中施入有机肥或化肥。直接在基质中施入化肥时,基质中肥料的使用量要严格把握,一般不施或少施。由于脱毒苗比较细弱,肥料过多或茎段直接接触到肥料会引起烧根,从而造成严重死苗的现象。施入肥料后,要浇水、拌匀,待肥料充分溶解后方可扦插。肥料的施用也可采用分层施入的方法,即下层基质施入肥料,上层基质不施肥料,这样既可以保证脱毒苗的成活率,也可为脱毒苗生长源源不断地提供营养。

(3)水分的控制 脱毒苗扦插前,必须将基质浇透水,并将基质拌匀备用。基质中水分的多少非常重要，水分过少，湿度不够，不利于脱毒苗生根；湿度过大，容易引起脱毒苗烂根，降低脱毒苗的成活率。基质中水分的把握以基质拌匀后，抓起一把基质握紧后能成团、不滴水，松开手后，基质能够散开为标准。

14. 用于马铃薯脱毒苗扦插的生根剂有哪些？如何配制生根剂？

马铃薯脱毒苗扦插时，用生根剂处理茎段基部，能刺激扦插苗基部生长，加快扦插苗生根速度，提高扦插苗成活率。生根剂的主要成分是植物生长调节剂，常用生根剂有吲哚丁酸、萘乙酸等以及一些以这些激素为主的附加其他试剂合成的生根剂，这些生根剂均可以在促进早生根和增加发根数量上取得良好的效果。几种常用的生根剂配制方法介绍如下。

(1)国际马铃薯中心(CIP)改良生根剂 称取100毫克吲哚丁酸溶液置于少量乙醇中，再用少量的0.1摩氢氧化钾溶液稀释；另称取50毫克萘乙酸溶置于少量乙醇中，将17.5毫克硼酸溶于蒸馏水中。将上述3种溶液混合后，加入2.0毫克二甲亚砜或吐温80、33毫升95%乙醇，并用水稀释，定容至100毫升，pH值调至5.5即成母液。使用时将母液稀释5倍，将茎段浸泡5～10分钟，生根率可达100%。

(2)吲哚丁酸生根剂 称取吲哚丁酸100毫克，用少量乙醇溶解后，用蒸馏水定容至100毫升，即配成1 000毫克/升浓度的母液。使用时将母液稀释成100毫克/升，将茎段浸泡10分钟左右，生根率也可达到95%以上。吲哚丁酸见光易分解，因此，母液应避光保存。

(3)萘乙酸生根剂 称取100毫克萘乙酸，溶于少量乙醇中，用水定容至1 000毫升，并将pH值调到5.5～5.8。使用时将茎段浸泡15分钟左右,生根率也可达到95%以上。

15. 基质栽培生产微型薯的方式有哪些?

基质栽培生产微型薯的主要方式有如下2种。

(1)试管苗扦插直接生产微型薯 利用试管苗直接扦插生产微型薯,优点是减少了反复切段扦插造成的病毒再次污染,每株脱毒苗可有较多的匍匐茎和结薯数。缺点是需要大量的基础试管苗,试管苗的繁殖需要水、电、培养基和人工等,因此,生产成本较高,并且试管苗直接移栽,如果管理不当,成活率较低。

(2)利用移栽基础苗多次扦插生产微型薯 将少量试管苗移栽在基质中,不断剪取顶部和腋芽进行扦插,通过反复多次扦插繁殖大量扦插苗,进行微型薯生产。此种方法可以大大减少试管苗的繁殖量,节约生产成本。扦插苗比试管苗健壮,更适宜外界环境,因此,扦插成活率也比较高。但是,多次扦插可能会增加扦插苗感染病毒病和其他病害的概率。

16. 基质栽培生产微型薯怎样进行试管苗扦插?

试管苗扦插是微型薯生产的第一个环节,主要包括以下几个步骤。

(1)试管苗剪切 扦插前2～3天,先将试管苗打开瓶口在温室或网棚内炼苗,这样可以提高扦插苗的成活率。试管苗剪切时,将苗连培养基小心地从培养瓶内取出,尽量不要碰断试管苗。根据试管苗的长短,用剪刀将试管苗剪切成长5～6厘米的茎尖或茎段,试管苗剪得过长或过短都不方便扦插。剪切后的茎尖或茎段分别放入生根剂中浸泡10分钟左右,捞出后即可进行扦插。如果试管苗剪切后不能及时扦插，可将试管苗放入保鲜盒内，置于4℃冰箱中进行冷藏，一般可存放2～3天。

（2）扦插 扦插前，先将基质铺平，并根据行距要求用木板或镊子标出每行扦插的位置。扦插时，用镊子轻轻夹住试管苗的末端，竖直向下将试管苗插入基质中。每扦插完1行或1个育苗盘时，用手指将试管苗周围的基质适当按压，以使扦插苗与基质紧密接触，利于生根。扦插时，最好不要将试管苗基部碰断，扦插的深度不能过浅，最少1～1.5厘米，保证有腋芽埋入基质中。扦插后，露出基质的茎段尽量长短一致，这样利于扦插苗的生长和后期管理。

（3）浇水与覆盖 扦插完1个苗床或育苗盘时，要及时浇1遍清水，更加利于扦插苗与基质紧密接触并吸收水分，利于生根。浇水后加盖塑料薄膜保温、保湿。光照过强时要在薄膜上加盖遮阳网，避免阳光直射。

17. 基质栽培生产微型薯怎样进行基础苗的反复多次扦插？

试管苗扦插成活后可以作为基础苗反复进行剪切、扦插来生产微型薯。当基础苗长至7～10厘米，具有5～6片叶时，即可进行剪苗扦插。剪苗前必须对所用工具进行严格消毒，操作人员须穿上工作服，并对双手进行消毒处理。操作间禁止吸烟，吸烟人员禁止用手直接接触基础苗以防使植株感染烟草花叶病毒病。

剪苗时，用消过毒的剪刀剪下带有2～3片叶的茎尖和带有3～4片叶的茎段，由于基础苗栽培的基质比较疏松，进行剪切时要小心操作，防止将苗连根拔出。试验发现，茎尖苗比茎段苗生根速度快，因此，剪切后的茎尖苗和茎段苗在生根剂中浸泡10分钟后，要分开扦插，这样方便生根后的水分和光照管理等。剪切后对基础苗要加强肥水管理，必要时可以再次覆盖塑料薄膜提高苗床的温湿度，以促使腋芽萌发增加繁苗数量。基础苗剪切后10～15天，即可进行第二次剪苗。根据基础苗的生育状况可以反复剪苗多次，剪段的扦插苗成活后既可作为基础苗继续剪段扦插繁殖，也可以直接生产微型薯。

18. 如何确定马铃薯脱毒苗扦插密度？

脱毒苗扦插密度主要由扦插用途决定的。脱毒苗扦插后作为基础苗主要用来繁殖扦插苗时，扦插密度一般较大，达到600～800株/米^2。当脱毒苗扦插直接用于生产微型薯时，扦插密度要比基础苗生产适当减小，以行距6～10厘米、株距2～4厘米为宜。扦插密度越小，生产的微型薯越大，但单株结薯数越小。因此，当脱毒苗扦插生产微型薯时，要根据基础苗数量、生产面积、微型薯生产对块茎大小的要求等适当调整扦插密度，做到既能保证微型薯的生产产量，又能保证微型薯的生产质量，如大小、整齐度等。

19. 影响马铃薯脱毒苗扦插成活率的关键技术有哪些？

脱毒苗扦插是微型薯生产的第一个环节，而如何保证脱毒苗扦插后都能够成活是扦插和微型薯生产的基础。影响脱毒苗扦插成活率的关键技术如下。

(1)基质选择与准备 基质是脱毒苗扦插与生长的载体。实践发现，蛭石是扦插比较理想的基质种类。草炭、菇渣等基质由于孔隙度大，质地蓬松，扦插苗根部不能很好地与基质接触，从而导致生根慢、死苗严重的现象多有发生。另外，脱毒苗比较细弱，因此不建议在蛭石中直接添加肥料，可以通过后期补肥（浇营养液）

的方法为植株生长提供营养,也可以采用基质分层的方法,将肥料施入底层,既能防止扦插苗根部直接接触肥料而烧根,又能为植株后期生长提供充足的营养。

(2)扦插技术 扦插技术是影响扦插成活率的关键因素。脱毒苗扦插时深度一定要深,保证有腋芽埋入基质,避免将泡过生根液的茎段部分碰断,影响生根速度。扦插后,用手指将试管苗周围的基质适当按压是不容忽视的环节,这样做可以使扦插苗与基质紧密接触,利于生根。按压的程度以用手向上轻提脱毒苗拔不出为标准。扦插完1个苗床或育苗盘时,一定要及时浇一遍清水,目的也是为了将脱毒苗与基质紧密接触,并能保证苗床内有较高的湿度,利于脱毒苗快速生根。

(3)生根管理技术 脱毒苗扦插后后期管理非常重要,管理恰当,一般情况下5～7天即可生根,生根率可达95%以上;管理不恰当,生根时间将会延长甚至不生根,出现大量死苗现象。

另外,影响脱毒苗扦插成活率的因素还有很多。不同季节进行脱毒苗扦插其成活率也会有所不同。春季扦插,由于气温低、光照弱,扦插成活率较高,但生根速度与秋季相比往往较慢。扦插后如果连续阴天,脱毒苗虽然生根时间较长,但成活率却很高。实践证明,茎尖扦插成活率和生根速度往往高于茎段,同时不同生理年龄的茎尖和茎段其成活率也往往不同,生理年龄小的茎尖和茎段的成活率和生根速度均高于生理年龄大的茎尖和茎段。

20. 微型薯什么样的马铃薯茎段扦插易于成活?

无论是试管苗的茎尖和茎段,还是扦插苗的茎尖和茎段,都可用于扦插。但是,试验发现,不同的茎尖和茎段其生根率和生根时间有很大差别,因此成活率也不尽相同。用于扦插的茎段生理苗龄不宜过大，生理苗龄愈小，植株内所含自己产生的内源激素，比如吲哚乙酸、赤霉素和细胞分裂素等，扦插后愈易生根成活。茎尖扦插后生长势很强，表现为生根快、生根多、根长、根壮，幼苗健壮，成活率高。试管苗下部各茎段生理年龄相对较大，体内含有植株合成的干物质和脱落酸相对较多，扦插后生根慢、根数少、成活率相对较低。极其衰老的下部茎段扦插后往往不生根，腋芽处直接形成一个气生块茎，后期也无匍匐茎形成，严重降低微型薯生产的产量。生产上尽量使用带有茎尖的茎段进行扦插，即使不使用任何生根剂都可生根，并且成活率高，幼苗生长健壮，微型薯产量较高。如果用试管苗下部茎段进行扦插，必须使用生根剂促进生根，后期加强管理以提高产量。同时，茎尖和茎段要分别扦插，方便生根后的肥水管理。

21. 微型薯扦插苗怎样进行生根管理？

扦插苗生根管理主要包括湿度、光照和温度管理。

(1)湿度管理 脱毒苗扦插后，要立即盖上塑料薄膜进行保温保湿，95%以上的空气相对湿度有利于扦插苗生根。春季扦插时，一般在生根前不用对基质进行补水，中午温度过高时，可适当进行通风，以降低拱棚内的湿度，防止湿度过大导致烂根、死苗现象发生。秋季扦插，由于棚内气温较高，水分蒸发大，基质容易缺水而导致空气湿度不够，因此，在扦插苗生根前要根据基质缺水状况及时进行补水，并加强通风换气，做好降温、保湿工作，给扦插苗生根创造一个良好的环境。

(2)光照管理 在扦插苗没有生根前，散射光有利于植株缓苗，因此，脱毒苗扦插后要避免阳光直射。中午阳光过强时，应覆盖遮阳网进行遮阳，随着扦插苗逐渐生根，可逐步加大扦插苗的见光量直至全部见光。

(3)温度管理 温度也是影响扦插苗生根的主要因素，温度应控制在18℃～30℃，温度越高，生根速度越快。春季脱毒苗扦插后应及时覆盖塑料薄膜，保湿的同时也达到了提高温度的目的。秋季进行脱毒苗扦插时，尤其是中午，温度过高，再加上较高的空气湿度，很容易出现烧根烂苗现象。因此，采取及早加盖遮阳网、加大通风量、及时补水等一系列降温措施对提高扦插苗成活率尤为重要。

22. 微型薯扦插苗如何进行补水？

微型薯脱毒苗扦插采用的是无土栽培形式，基质保水能力较差，因此，后期补水是一项不容忽视，也是操作最频繁、人工投入最多的工作。

(1)补水方法 补水可以采用人工浇水的方法，也可以采用自动喷灌的方法。人工浇水用工投入大，但浇水相对均匀，湿度可以人为控制；采用自动喷灌进行补水，省工省时，同时也能节省水资源，但浇水不均匀，没有浇到水的地方还需人工补水。

(2)补水时间 一般情况下扦插苗生根后如果天气凉爽，大约1周浇1次水即可。如果天气炎热，蒸发量大，需要每2～3天浇1次水。具体浇水时间根据基质缺水状况确定，当基质表层以下1/3处缺水，基质松散时即可进行浇水。浇水时要一次浇透，最好在晴天的上午进行，避免阴天或中午温度最高时进行浇水。微型薯收获前1～2周停止浇水，这样方便收获和微型薯存放。

(3)排水 浇水的同时还要注意排水和防止浇水过量时造成积水。网棚四周要挖排水沟，防止雨季棚外雨水进入棚内；苗床底部铺网纱等透水能力强的材料，既可以隔离土壤，又可以透水、透气；用育苗筐扦插时，筐底部必须有漏水孔，否则浇水过多时，水不能及时排出筐外造成积水，导致扦插苗生长不良从而影响微型薯的产量或质量。

23. 微型薯扦插苗怎样进行施肥?

脱毒苗扦插后所需要的营养可以有两种供给方式。一种方式是按期浇灌营养液,其优点是可根据脱毒苗生长阶段的不同,定期调整营养液配比,满足其生长、结薯的需要,微型薯生产常用的营养液配方见表2。浇灌营养液的缺点是作业繁琐,费时费工,成本较高。

表2 微型薯生产常用营养液配方 (单位:毫克/升)

试剂	营养液			
	日本通用	IVF	K5	改良K5
硝酸钙	950	680	100	
硝酸钾	810	350	1034	1034
硫酸镁	500	250	490	490
磷酸二氢铵	155			
磷酸二氢钾		200	348	348
硫酸铵			170	170
氯化钙			150	150
EDTA-钠		14.7	37.25	37.25
硫酸亚铁		10.99	27.85	27.85
硫酸铜				100
氯化钾		170		
硼酸		2.43		
硫酸锌		2.80		
钼酸铵		1.28		

注:IVF:中国农业科学院蔬菜花卉研究所配方;K5:四川省江津地区农业科学研究所配方;改良K5:内蒙古农业科学院马铃薯小作物研究所配方。

另一种方式是根据微型薯需肥的特点，在基质中加入适量的化肥和有机肥，可源源不断地供应脱毒苗生长发育的需要。这种方式简便易行，省时省工，目前在生产上多被采用。在微型薯生长后期，如果出现基肥不足、植株脱肥的情况，可通过人工喷施叶面肥的方法补充植株后期营养的不足。

24. 温度和光照对微型薯的形成有什么影响？

(1)温度　马铃薯是喜凉作物，其薯块生长最适温度为15℃～18℃，若高于21℃，块茎生长迅速下降。块茎形成在低温下发生较早，即使是在生长迅速的幼龄植株，若将植株保持在7℃及以下，7天就能诱导块茎发育。植株栽培在短日照和低夜温，特别是昼夜温差较大的环境下，对块茎的形成极为有利。

(2)光照　光照周期对微型薯的生长和结薯有很大影响，在短日照下生长的植株，比在长日照下的植株结薯早。如果温度适宜，长日照下块茎也可以形成，但时间要长些。长日照是扦插苗生根、生长不可缺少的条件，短日照是块茎形成的必要条件。因此，春夏季是扦插苗的最好时节，而秋冬季则是促进扦插苗结薯的季节。对于光周期的反应，不同品种表现不同，一般晚熟品种对光周期要求严格，在长日照条件下，会延迟结薯甚至不结薯，早熟品种对光照周期要求不严格，在短日照或长日照条件下都可以结薯。

25. 目前基质栽培生产微型薯存在的难题是什么？

(1)质量方面　微型薯质量方面存在的技术难题是疮痂病严重，严重影响了微型薯的外观和种性。基质由于连续被使用，颗粒逐渐变细，透气性、透水性、酸碱度等理化性质较差，基质盐渍化也非常明显，再加上基质消毒处理难度大，效果不理想。因此，生产上主要是通过频繁更换基质来降低疮痂病等病害的发生率，这就在一定程度上增加了微型薯的生产成本。降低微型薯疮痂病的发生率，提高微型薯的质量成了目前生产上的主要技术难题之一。

(2)产量方面 微型薯产量指标以单株结薯数为主。基质栽培生产微型薯单株结薯数一般在2～3粒，单位面积产量相对较低，这也是导致微型薯价格一直居高不下的主要原因。因此，提高微型薯单株结薯数成了困扰基质栽培生产微型薯的另一个技术难题。目前，生产上有采用多次分批采收和多次压枝覆土的技术来提高单株结薯数，但在操作技术上还有待进一步改进。

(3)成本方面 基质栽培生产微型薯往往通过频繁更换基质来提高微型薯的质量和产量。另外，浇灌营养液、扦插、收获等都需要投入大量的人工，这样就导致微型薯的生产成本较高。实现微型薯生产的规模化、机械化操作，减少人工投入，降低生产成本等也是基质栽培生产微型薯亟待解决的问题之一。

26. 如何提高基质栽培生产微型薯的产量？

提高微型薯的产量，主要从影响微型薯产量的几个因素着手，这些因素主要包括栽培基质、栽培环境、栽培管理、品种选择等。

(1)选择高效低成本的基质 不同基质的理化性质不同，对水分的吸收能力也不一样。通常蛭石和草炭作基质价格较贵，而且取材不方便。近年来，有机基质和复合基质在微型薯的生产中得到了广泛的应用，菇渣、锯末、药渣、松针土价格低廉，本身含有一定的营养成分，如果再掺入适当的消毒鸡粪、马粪或化肥，与常规的蛭石相比不仅可以提高微型薯的产量，还可以减少人工浇施营养液这一环节，从而降低管理成本。

(2)选择适宜当地的品种 不同品种对温度、光照、水分等环境条件的要求不同，因此，应根据当地气候条件、设施设备状况、生产水平、品种需求状况等进行品种选择。

(3)适当增加扦插密度 扦插密度的不同，植株的生长状况也会受到影响，微型薯数量和产量均不同。研究发现，合理的基质厚度和高密度扦插对单株产量影响不大，但使单位面积的产量却有明显提高，因此，生产上可以通过适当增加扦插密度来提高微型薯的产量。

(4)加强肥水管理 基质栽培由于用基质代替了土壤，很容易出现脱水脱肥的现象，因此，加强肥水管理是提高微型薯生产产量的重要环节。为了避免后期浇灌营养液，一般在基质中施入有机肥或化肥作为基肥，后期根据生长需要，通过叶面喷肥来补充基肥的不足。整个生长期水分管理要均匀，根据基质水分状况做到及时补水，不能出现忽干忽湿的情况，以免影响微型薯的产量。

(5)增加采收次数 根据微型薯生产原种的需要微型薯的大小一般要求在 2 克以上，而且微型薯个体的大小并不会影响大田繁种的产量，影响繁种产量的关键是土壤肥力和出苗后的管理。微型薯采收方法可以将传统的单次采收改为两次采收或多次采收，其主要目的是通过控制微型薯的大小来提高扦插苗的单株结薯能力。实践证明，多次采收在不影响单株产量的同时可以大大提高单株结薯数和单位面积的产量。

27. 如何提高基质栽培生产微型薯的质量？

高质量的微型薯主要表现为薯皮光滑，大小适中、一致，无病、无虫咬，种性优良等。提高基质栽培生产微型薯质量的主要措施如下。

(1)基质消毒与更换 基质长期使用，理化性质变差，盐渍化现象也比较严重，同时也积累了大量的病菌、虫卵等，从而导致病害、虫害发生严重。因此，在基质连续使用后，必须做好基质消毒处理工作，可以采用高温闷棚并结合使用高锰酸钾、甲醛等消毒措施。在条件允许的情况下，基质在使用2～3季之后最好全部更换。另外，基质连续使用后，进行下季生产前，须在基质中施入硫黄粉来改变基质的酸碱性，以降低疮痂病的发生率，也可以施入杀虫剂和杀菌剂，对病虫害的预防非常有益。

(2)加强病虫害防治 加强病虫害防治工作，可以降低微型薯的感病程度，提高微型薯的质量和种性。病虫害防治以防为主，防治结合。坚持每周施药1次，发现病株及时拔除并带出棚外。有地下害虫危害时，应及时在育苗床中撒药防治。通过悬挂黄板，及时检查棚室密封状况，出入棚室及时关门等管理措施防止蚜虫侵害，保证微型薯的种性不受到影响。

另外，适当增加扦插密度，适时、多次采收等可以控制微型薯的大小，使微型薯大小均匀一致，还可避免微型薯过大而减少单株结薯个数。适时适量浇水，保证基质湿度均匀，能够使微型薯表皮光滑，气孔变小，在提高微型薯质量的同时还利于微型薯的存放。

28. 如何降低基质栽培生产微型薯的成本？

基质栽培生产微型薯的成本较高，这是一直制约微型薯推广和脱毒种薯产业发展的主要因素之一。微型薯生产成本主要包括生产资料、人工等，另外不同的生产方式和产量也会对成本有直接的影响，因此，主要从以下几个方面着手降低成本。

(1)降低生产资料的投入 基质栽培生产微型薯，在所有投入中所占比例比较大的生产资料主要有棚室、苗床、苗盘和基质等。棚室虽然投入比较大，但属于固定投资，使用年限比较长，一般不作为成本计算在内。苗床和苗盘能够多次反复使用，在成本计算中所占比重也不大。但为了节省成本，在选择苗床和苗盘时，最好就地取材，选取价格便宜的材料作为苗床，比如砖块、石棉瓦、塑料板等。基质由于使用量大，并且需要经常更换，因此，基质是微型薯生产中投入最多，在成本计算中所占比重最大的一种生产资料。基质的种类很多，选择基质时本着就地取材的原则，尽可能选择价格低廉的菇渣、蚯蚓粪、甘蔗渣等废弃物作为基质，这样不仅能为微型薯生长提供充足的营养，还能大大降低微型薯的成本。

(2)减少人工投入 人工投入在微型薯生产成本计算中所占的比重也比较大。人工投入主要体现在扦插、浇水、施药、收获等环节。生产上在基质中使用基肥代替浇灌营养液，用自动喷灌的方法代替人工浇水等措施都可以大大减少人工的投入。另外，完善管理技术，提高操作技能，提高工作效率等也可以大大减少人工的使用量，降低微型薯的生产成本。

(3)利用基础苗反复扦插生产微型薯 用试管苗扦插直接生产微型薯，由于试管苗的需求量比较大，试管苗的繁殖需要水、电、培养基和人工等，因此生产成本较高，并且试管苗直接移栽，如果管理不当，成活率较低。而利用基础苗反复扦插生产微型薯可以大大减少试管苗的繁殖量，从而可以降低微型薯的成产成本。

(4)提高单位面积微型薯的产量 在生产投入相同的情况下，提高单位面积微型薯的产出率，可以相对降低微型薯的成本。因此，生产上应尽可能优化栽培管理技术，最大限度地提高单位面积微型薯的产量，从而降低微型薯的生产成本。

通过以上措施可以在一定程度上降低基质栽培生产微型薯的成本，从而提高微型薯及脱毒种薯的生产效益。

29. 喷雾栽培生产微型薯的技术优势是什么？有什么缺点？

喷雾栽培生产微型薯与传统的基质栽培相比，最明显的优势就是产量高。由于喷雾栽培通过营养液为植株提供养分，定植槽和温室为植株生长提供了良好的环境和充足的空间，植株生育期相对于基质栽培和土壤栽培偏长，单株产量也大大提高，平均单株结薯数可达到30～50粒，最高结薯数达到了100多粒。其次是采收方便，采收时可以根据需要分批分次采收，能人为控制微型薯的大小，使生产的微型薯大小整齐一致，提高了微型薯的成薯率和利用率。另外，生产过程完全避开了土壤，完全没有土传病害和虫害，块茎感病率很低；同时喷雾栽培管理过程全部自动化，省去了大量的人工投入，可以真正实现种薯生产的工厂化和管理自动化。

喷雾栽培整个过程对栽培环境要求非常高，整套技术投入尤其是前期一次性投入较大，而且生产的微型薯水分含量高、表皮气孔大，商品性较低，后期贮藏时如果处理不当，容易产生烂薯现象。栽培过程中一旦感病，通过营养液的循环，会使所有植株发病，很难控制。因此，对栽培温室或大棚、定植槽、喷雾系统进行彻底清洗和消毒是定植前的主要工作。

30. 喷雾栽培生产微型薯需要哪些设施？

喷雾栽培生产微型薯同基质栽培生产微型薯一样，要求生产过程中防虫、防病，特别要求防止病毒病的再次侵染，以保证脱毒薯的质量。因此，喷雾栽培生产微型薯也需要在防虫温室（网棚）内进行，对温室（网棚）的要求和基质栽培一样。除此以外，喷雾栽培还需要以下设施。

(1)定植槽 定植槽由定植板和槽体两部分组成。定植板为植株生长提供支撑，材料多采用高密度泡沫板，大小根据定植槽大小而定。定植板上开有定植孔，用海绵等将植株固定于定植孔内。定植槽要求具有较好的遮光、保温功能，能为马铃薯根系生长提供一个良好的环境。定植槽的大小可根据温室空间而定，材料选择不限，但以遮光和保温为前提。定植槽上盖定植板，下有进水口和出水口，并与进水管道和回水管道相连。

(2)贮液池(箱) 贮液池(箱)主要用来贮存营养液，一般为地下式，除利于营养液回流和循环外，还可以达到保温的效果。

(3)输液管道 输液管道主要用来输送和回收营养液，由进水管道和回水管道组成，进水管道两端直接与水泵和定植槽相连，回水管道两端与定植槽和贮液池相连。管道应选择耐酸碱的材料，以防营养液长期腐蚀。

(4)喷头 喷头主要安装在槽体内的输液管道上，将营养液雾化后直接喷在植株根系上，为植株生长提供营养。喷头雾化程度越高，喷出的营养液颗粒越细，植株根系所获得的营养液越均匀，越有利于植株生长发育。

(5)水泵 水泵采用潜水泵，置于贮液池中，与进水管道相连。通过水泵将贮液池中的营养液抽到进水管道，进而通过喷头雾化后供给植株根系。

(6)控制系统 控制系统由定时器、线路等组成。通过控制系统可以使水泵定时开关，定期为根系提供营养，实现营养液的昼夜循环。

31. 提高喷雾栽培微型薯生产效益的关键技术有哪些?

喷雾栽培在保护地条件下，通过人为调控马铃薯生长发育所需要的条件，从而大幅度提高微型薯单株结薯率，并可根据所需种薯的规格，分次采收符合标准的薯块，使生产的微型薯大小整齐，质量较高。近几年，随着微型薯生产规模的不断扩大，喷雾栽培生产微型薯由于产量高、效益好被越来越多的科研和生产单位推广和利用。但是，在引进和推广该项技术时要对喷雾栽培管理技术进行全面的了解和学习,并结合本地条件,制定适合当地的栽培技术规程。喷雾栽培生产微型薯关键技术主要包括:设备的清洗与消毒、基础苗定植与管理、营养液管理、植株管理、微型薯收获等。其中,基础苗定植与管理是喷雾栽培的基础,决定植株的成活率。营养液管理和植株管理技术的好与坏,直接影响微型薯的产量和质量,与生产效益密切相关。微型薯收获环节主要是对收获方法与时期的把握,此环节将会对后期微型薯的贮藏有一定的影响。

32. 喷雾栽培生产微型薯定植前的准备工作有哪些?

定植前的准备工作主要有如下几个方面。

(1)脱毒苗准备 脱毒苗准备工作与基质栽培准备工作基本相同。但是,喷雾栽培所需的基础苗要求在10厘米以上,并且越长越好。因为喷雾栽培是将脱毒苗定植在定植板上,喷头将清水或营养液直接喷到下部茎段,为脱毒苗提供水分和营养,保证脱毒苗正常生根。基础苗越长,清水或营养液越易喷到下部茎段,生根就越快越好。因此,在脱毒苗进行最后一次扩繁时,培养容器的高度要在10厘米以上,并适当增加生长周期,保证脱毒苗在定植前株高达到10厘米以上。

(2)设备清洗与消毒 喷雾栽培同基质栽培生产微型薯一样,设备和设施都必须反复多次使用,这样就会导致前茬生产中的病原菌等残存于设备内。继续使用时,残存的病原菌一旦发病,随着营养液的循环传播很快。另外,贮液池、槽体、管道内残存的植株根系及其他一些灰尘、石块等杂物也会堵塞管道、喷头等,使喷头喷水不匀或不能喷水。因此,定植前要对棚室和整套系统进行彻底清洗和消毒。

(3)营养液准备 营养液为喷雾栽培的植株源源不断地提供

营养,是保证微型薯产量和质量的基础。在基础苗定植前,按照营养液配方和浓度要求,提前将配置营养液所需要的各种母液等配好。

(4)定植工具准备 主要包括剪刀、镊子、生根液、保鲜盒、海绵等,并在使用前用乙醇将各种工具进行消毒备用。

33. 如何对喷雾栽培生产微型薯的设备进行清洗与消毒?

喷雾栽培生产用的棚室应提前检查顶部、四周的严密程度,并对孔洞、缝隙及时进行补救。棚室消毒可以采用高温闷棚,并结合药剂熏蒸的方法进行处理。彻底清扫槽体、定植板、进水管、回水管和贮液池内的垃圾,并用清水反复清洗,然后用甲醛、高锰酸钾或链霉素等配成一定浓度的溶液,反复进行喷雾或浸泡,最后再用清水将所有设备彻底冲洗干净,同时检查每个喷头喷水情况,保证每个喷头都能正常喷水。设备消毒与清洗完成后,及时盖上定植板和贮液池盖板,准备进行定植。

34. 喷雾栽培生产微型薯的营养液主要成分有哪些?

脱毒苗从定植开始就需要从营养液中获取水分和养分,营养液的组成比例和使用管理直接影响植株的生长发育和产量,它是喷雾栽培的关键。因此,喷雾栽培营养液必须包含微型薯生长所必需的各种营养元素,主要成分应包含 N、P、K、Ca 的大量元素和 Zn、Mg、Cu 等的微量元素以及铁盐等。马铃薯喷雾栽培营养液配方可以采用组培快速繁殖时的 MS 培养基配方,也可以根据微型薯一生对各种元素吸收的特性,以及生长与生殖生长阶段的营养需肥特点自行设计。微型薯对钾需求量大，配方中要有较高的钾氮比值，现蕾前以茎叶生长为主，氮的比例要稍高一些，现蕾后以结薯为主，磷、钾比例要相对高些。郑州市蔬菜研究所根据以上特点，研究并设计的“马铃薯喷雾栽培营养液配方及其制备方法”获得国家发明专利，通过该配方可以实现整个生长期的营养液动态管理，解决了马铃薯喷雾栽培中植株苗期生长缓慢、结薯期生长过旺而影响产量等诸多问题。另外，该配方为了有效控制喷雾栽培病害的发生与蔓延，在营养液中添加了杀菌剂，这样可以有效地控制喷雾栽培过程中主要病害的发生。需要注意的是，自行设计的营养液配方研究确定后要经过反复试验才能用于生产并进行推广。

35. 如何配制喷雾栽培生产微型薯的营养液？

微型薯喷雾栽培营养液的配制方法和组织培养制备培养基时的培养液配制方法基本相同。配制营养液前先将 N、P、K、Mg 等大量元素按原量的 100 倍配制成一种母液，可以标记为母液 A；将 Ca 元素单独配成母液 B，浓缩倍数为 100 倍；将微量元素按原量的 1 000 倍配制成母液 C；铁盐可以按原量的 100 倍单独配制成母液 D。配制营养液时再分别将各种母液稀释 100 倍或 1 000 倍，加入定量的水，即可配成营养液。营养液如果需要添加杀菌剂或其他营养元素，也可先将其配成母液，然后按照一定比例稀释即可。母液最好现配现用，以免长期存放引起沉淀或发生化学反应。营养液配制完成后，用 pH 计测量酸碱度，并用磷酸、盐酸或氢氧化钠和氢氧化钾调整 pH 值，然后盖上盖板备用。

36. 喷雾栽培生产微型薯的基础苗来源有哪些?

喷雾栽培基础苗的来源传统上是试管苗在基质中移栽生根后的扦插苗,但试验发现直接利用试管苗进行定植也完全可行,这样可以省去扦插育苗环节,降低成本,减少投入,并可将喷雾栽培定植期适当提前,延长喷雾栽培的结薯时间,提高微型薯的产量。

(1)扦插苗 喷雾栽培生产马铃薯微型薯,由于生育期较土壤栽培长,因此,试管苗扦插较常规栽培要提前,中原二季作区可以春秋两季栽培,春季一般在1～2月扦插,秋季可在7～8月扦插,具体扦插时间可根据喷雾栽培定植期确定。试管苗扦插和后期管理技术与常规脱毒苗扦插技术相同,这里不再详细介绍。扦插成活后的株高达到10厘米左右时可进行定植。

(2)试管苗 适于喷雾栽培的植株株高要达到10厘米左右才能进行定植,因此,试管苗的培养容器要比通常的培养瓶高,同时试管苗最后一次培养时间要增加,一般要培养一个半月。由于培养瓶内的脱毒苗存在生长势不一致的问题,所以培养的试管苗株数要适当多于实际定植的株数。

37. 怎样定植喷雾栽培生产微型薯的基础苗?

试管苗扦插后或试管苗株高达到10厘米以上时,选择生长健壮的植株进行定植。定植前要用清水将根部的基质或培养基冲洗干净或者直接将基础苗根部剪掉,摘除已结的小块茎,用100毫克/升的IBA生根液浸泡根部10分钟左右,或剪断部分根系,以促进植株提早生根。留2叶1心,其余叶片全部剪掉,防止叶片因长期喷水而腐烂。用海绵将植株固定到栽培板的定植孔中,栽培板上边留 2 叶 1 心即可，一定要注意海绵不能包得太紧，否则海绵包裹的茎段容易烂掉。基础苗定植后先用清水喷雾，缓苗后可更换为营养液，喷水时间间隔要适当短些，利于快速缓苗。

38. 提高喷雾栽培生产微型薯基础苗成活率的关键因素有哪些？

较高的基础苗成活率是保证喷雾栽培生产微型薯的基础，提高基础苗成活率的关键因素如下。

(1)基础苗状况 基础苗的苗龄对生根的早晚和生根多少有直接的影响。苗龄越小，定植后生长势越强，表现为幼苗生根既快又多，而且幼苗健壮，成活率极高。基础苗的长短对成活率也有一定的影响，基础苗越长，伸入定植板下部的茎段越长，喷头就越容易将营养液或水分喷到茎段上供植株吸收水分和养分。否则，茎段越短，由于喷头射程有限，不能将营养液喷到植株上，从而使植株长期缺水而萎蔫甚至死亡，大大降低定植成活率。

(2)定植技术 定植技术在基础苗定植过程中非常重要。为了加快基础苗生根，用 100 毫克/升的 IBA 生根液浸泡基础苗根部。用剪刀将基础苗的根系做适当修剪，也可以适当促进根系的再生。定植时用海绵轻轻地将植株裹住并固定于定植孔中，海绵不能裹得太紧，裹得紧会使被裹茎段不透气，再加上湿度大，很容易烂掉，从而使基础苗死亡。另外，定植时，尤其是将基础苗固定于定植孔时，基础苗要轻拿轻放，避免碰伤、碰断。

(3)定植后的管理 基础苗定植后，由于没有根系或老根系，吸收能力弱，阳光直射后基础苗极易萎蔫失水，因此，定植后应在棚外临时加盖遮阳网进行遮阳，遮阳网直到生根后方可撤去。生根过程中，每天早上和傍晚检查植株状况，发现萎蔫植株时，应立即查找原因，检查槽内喷头喷水情况、海绵包裹的是否过紧，以及植株是否有机械伤等。发现植株萎蔫,要及时调整喷头或更换新苗,可在一定程度上减少死苗、烂苗现象,提高基础苗的成活率。

39. 喷雾栽培微型薯生产的主要技术环节是什么?

喷雾栽培生产微型薯与基质栽培生产微型薯相比,栽培管理技术环节较多,技术难度也相对较大。喷雾栽培生产的主要技术环节包括营养液管理和植株管理。营养液管理是喷雾栽培生产的关键,直接决定微型薯的产量和质量。营养液管理技术主要有配方、浓度、酸碱度、供液时间、营养液更换等。植株管理环节主要包括植株打顶、落秧、打杈、整根、病虫害防治、收获等。了解并掌握以上每一个技术环节,对提高微型薯的产量和质量,进而提高微型薯的种植效益至关重要。

40. 喷雾栽培生产微型薯如何进行营养液管理?

营养液管理是喷雾栽培生产的重要工作。脱毒苗从定植开始就需要从营养液中获取水分和养分,它的组成比例和使用管理直接影响植株的生长发育和产量,是喷雾栽培的关键。

(1)配方与浓度管理　配方的选择或自行设计,要根据微型薯一生对各种元素吸收的特性,以及生长与生殖生长阶段的营养需肥特点。微型薯钾需求量大,配方中要有较高的钾氮比值,现蕾前以茎叶生长为主,氮的比例要稍高一些,现蕾后以结薯为主,磷钾比例要相对高些,配方确定后要经过试验才能用于生产。在定植初期,营养液浓度可以采用配方浓度的1/2,随着植株逐渐长大和根系的增多,营养液浓度可逐渐增加到配方浓度。

(2)酸碱度管理 喷雾栽培微型薯营养液 pH 要求控制在 5.5～6.0，在这个范围内营养液中各种营养成分的有效性较高。pH 值可以用磷酸、盐酸或氢氧化钾进行调整，但用磷酸调节营养液的酸碱度稳定性要比盐酸强。营养液要经常用酸度计或精密 pH 试纸进行酸碱度测定，如果不在 5.5～6.0 要及时进行调整。

(3)供液管理和营养液的补充与更换 供液间隔管理直接影响植株对养分和水分的吸收，同时也影响薯皮的光滑度。幼苗定植初期根系吸收能力弱，供液间隔时间不宜过长，以间隔 5 分钟喷液 30 秒为宜。随着根系的增加，喷液间隔时间可逐渐加长，可调整为间隔 10～15 分钟喷液 30 秒。结薯期根系密集，根系间隙持水力增强，可将供液间隔时间调整为间隔 30 分钟喷液 30 秒。

营养液在使用过程中会不断减少，须在生产过程中根据需要进行补充和更换。在不能进行浓度测定和全素分析的情况下，营养液补充几次后，要全部进行更换。更换周期依据营养液的使用量进行，一般情况下补充 2～3 次后就要进行全部更换。

41. 喷雾栽培生产微型薯的植株如何进行落秧、打杈？

落秧与打杈技术是喷雾栽培中一项比较成熟和经常性的工作。落秧主要作用是增加槽内根系和匍匐茎的着生节位，并可防止倒伏，使植株保持直立状态。落秧每周进行 1 次，每次根据植株生长情况落 2～3 个节位，整个生育期落秧 5～7 次。落秧宜早不宜迟，在定植后 10 天左右即可进行落秧，并且落秧本着先少后多、少量多次的原则。落秧的同时可进行打杈，到生长后期，落秧工作结束后，打杈要单独进行，不仅要尽早打掉腋芽，同时还要及时去掉植株基部的黄叶、老叶和腐烂叶。植株经过打杈后，不仅可以减少茎叶生长量，还可增加植株间的通风透光量，能够促进根系生长和匍匐茎的形成与结薯,增加微型薯的产量。

42. 喷雾栽培生产微型薯什么时期进行植株打顶?

微型薯喷雾栽培生产由于需人为定期向植株提供生长所需要的各种营养,因此,相对于基质栽培来说,植株表现为生长势极强,植株高大,叶片肥厚,茎秆粗壮。这样,旺盛的营养生长势必对后期的生殖生长造成影响。因此,生产上一般采用植株打顶的方法来抑制营养生长,促进薯块形成和膨大。植株打顶一般在发棵期后,块茎膨大前进行,上部植株表现为已经封垄,下部匍匐茎顶端开始膨大。植株打顶后,由于去除了顶端优势,侧枝萌发将会增多。因此,植株打顶后,要加强植株打杈工作,防止植株徒长,促进块茎形成和膨大,同时还可避免茎叶过多,通风透气不良,病害发生严重而造成的减产。

43. 喷雾栽培生产微型薯如何进行槽体内打顶整根?

槽内打顶整根技术主要以打顶为主,整根为辅,整根结合打顶同时进行。当匍匐茎生长过长,达到槽体底部时,影响了槽内营养液顺畅供给和排出,可将匍匐茎的顶端掐去,促使匍匐茎的侧枝形成,并随时将已经腋芽化的节位掐去,避免其进一步在槽内发育成枝叶与块茎争夺养分。槽内整根主要是将老根去掉,整根的时间不宜过早,以地上现蕾期即地下块茎形成膨大期最为适宜。整根过早,会减少根系数量,降低根系对养分的吸收量,同时还容易损伤到幼嫩的匍匐茎;整根过晚,大量的老根已经互相交错形成盘状,堆积在定植槽底部,导致营养液不能顺畅地供给和排出,同时,形成盘状的根系将部分块茎包裹在内，长期浸泡营养液后容易感病，也不利于后期采收。老根较新根颜色深，木质化程度高，一般为褐色，整根时先用剪刀将腐烂根、老根剪掉，然后再将每株植株的根系梳理顺畅即可。为了减少打顶整根对植株地上茎叶和槽内块茎的损伤，可将打顶整根与每次收获同时进行，打顶整根可一直持续到收获结束。应注意打顶整根时不要伤及新根和匍匐茎以及没有成熟的块茎。打顶整根后应将槽内剪掉的老根、匍匐茎以及碰掉的块茎及时清除干净。

44. 喷雾栽培生产微型薯怎样控制徒长？

喷雾栽培生产微型薯，由于植株是在全营养和保护地环境中生长，尤其是秋季栽培前期和春季栽培中后期极易发生徒长。控制徒长最有效的方法是药剂防治，药剂有多效唑、矮壮素等，使用最多、最安全的是多效唑。多效唑使用浓度控制在 50～100 毫克/升，为安全起见，首次使用浓度可适当减小。如果喷施后效果不明显，1 周后可进行第 2 次喷施，一般喷施 2 次即可有效的防止茎叶徒长。

45. 喷雾栽培生产微型薯如何进行病虫害防治？

喷雾栽培由于采用的是无基质栽培，缺少了土壤和基质传播途径，只要前期设备消毒处理彻底，病害和虫害相对较少，但预防和防治工作仍不能忽视。虫害主要有蚜虫、白粉虱、螨，病害主要为晚疫病等，防治工作以防为主，防治结合，通常做到每周施药 1 次，即可有效的预防病虫害的发生。另外，在营养液中加入杀菌剂，也可有效的预防营养液循环流动带来的病害传播。如果发病，防治方法和药剂使用与大田生产马铃薯相同。

46. 喷雾栽培生产微型薯过程中怎样进行温度、光照管理?

温度和光照是微型薯生长过程中的主要环境因素,对微型薯的生长发育,尤其是结薯有着重要的影响。喷雾栽培一般在保护设施内进行,可以人为进行温度和光照的调控,并将温度和光照控制在最适宜微型薯生长和结薯的范围内,从而延长微型薯的生长周期,提高喷雾栽培的产量和种植效益。春季为了能够提早定植,可以在棚内或温室内安装加温设施,提前密封棚室,提升棚内温度,当棚内平均温度达到10℃时,即可进行定植。秋季定植时外界温度较高,定植时注意棚内通风透气,并加盖遮阳网,遮阳的同时也能降低温度。幼苗期和发棵期的温度控制以茎叶生长为主,棚内温度超过30℃时注意通风降温。结薯期对温度的要求非常严格,尤其是喷雾栽培是在槽体内结薯,槽体内必须为块茎的形成与膨大创造适宜的温度和光照条件。因此,槽体的设计非常重要,要求槽体要有很好的保温和遮光效果。郑州市蔬菜研究所研究发明了一种喷雾栽培定植槽并获得了国家实用新型专利,具有很好的保温和遮光效果。喷雾栽培结薯期间,要求每天观察槽体内的温度变化,并根据温度情况采取加温和降温措施,尽量将槽体内温度控制在15℃～18℃,最低不能低于10℃,最高不能高于25℃,否则微型薯就不能正常长成和膨大。结薯期间不要经常掀开盖板,每次采收后及时将盖板盖好,为微型薯长成和膨大营造良好的黑暗环境,避免长期见光从而影响结薯。

47. 喷雾栽培生产微型薯后期应用过程中应注意哪些问题？

由于喷雾栽培的微型薯是在不同时间分批收获的，收获时间前后可以相差1个多月，因此，不同批次收获的微型薯其度过休眠期的时间也不一样。不同批次收获的微型薯在贮藏时要分开存放，播种前浸种催芽时也要根据种薯发芽情况确定浸种浓度和催芽方法，并且在催芽时要经常进行翻动、检查，及时将烂薯拣出，从而保证微型薯出芽健壮、整齐。播种时，最好也是按不同的收获时间分开播种，保证出苗整齐，便于后期田间管理。由于喷雾栽培生产微型薯本身水分含量大，播种时基质湿度不能太大，并在出苗前做好防雨控水工作，以防烂薯而导致出苗不整齐现象发生。喷雾栽培生产微型薯出苗后的田间管理与常规微型薯田间管理基本相同。

48. 喷雾栽培生产微型薯存在的问题是什么？

虽然喷雾栽培生产微型薯与基质栽培生产微型薯相比有很大的技术优势和产量优势，但在实际生产中仍存在一些问题。

(1)设备清洗与消毒较困难 微型薯喷雾栽培所需要的设备较多，有喷头、水泵、贮液池、管道等。重复使用时，必须对这些设备进行清洗和消毒，否则由于上茬作物留下的枝叶等很容易造成管道堵塞，病害传播也比较厉害。贮液池、槽体的清洗和消毒相对较容易，但是管道、喷头的清洗难度非常大，由于不能彻底清洗，或者由于当地水质碱性偏大，长期使用后会出现水垢沉积。另外，栽培过程中有枝叶、根系或微型薯进入管道等，都会造成喷头不能正常喷水，植株根部接触不到水分，从而使植株死亡，定植板上缺苗严重，产量也不能得到保证。

(2)对设施、技术等要求较高 喷雾栽培由于是人为给植株模拟结薯环境，因此，栽培环境对光照、温度等要求非常严格。要求棚室光照充足，并有遮阳功能，同时棚室还必须具有很好的保温和降温功能。定植槽是结薯的主要场所，定植槽内的温度对薯块的长成与膨大有直接关系。因此，定植槽的设计非常重要，要求定植槽具有保温、遮光的效果。但实际生产中，每年的气候条件变化不一，尤其中原二季作地区，春季结薯后期如遇上高温，槽内温度过高，或秋季结薯后期遇上低温，槽内温度过低，很难将槽内温度控制在适宜结薯的范围内，导致不结薯和薯块不膨大，从而造成产量的偏低。

(3)微型薯存放技术难度大 由于喷雾栽培的薯块长期在高湿度环境下长成，薯块表现为薯皮幼嫩、粗糙，气孔大，耐贮性差，在存放过程中，薯块失水萎蔫，并经常出现烂薯、病薯现象，导致微型薯损耗较大。因此存储时，需要经常检查、翻动微型薯，并将病薯、烂薯及时检出，费工费时的同时又增加了微型薯的生产成本。

49. 如何提高喷雾栽培生产微型薯的产量？

喷雾栽培与基质栽培相比，虽然设备、设施等一次性投入较高，但设备、设施可以重复使用。由于单株结薯数较多，需要的基础苗较少，减少了大量繁殖脱毒苗所需要的水电、人工等，而且栽培管理过程中自动化控制程度较高，并省去了蛭石等基质的使用，因此喷雾栽培生产微型薯能够显著降低成本。要想在生产上进一步提高生产效益，只能在优化栽培管理技术，如优化营养液配方，提高定植技术，合理控制营养生长与生殖生长之间的关系，提高采收技巧与存放方法等方面下功夫，通过管理技术的优化，提高喷雾栽培单株结薯数和微型薯产量，从而降低微型薯的生产成本。喷雾栽培生产微型薯与传统基质栽培相比，虽然产量高，但由于技术环节多，管理难度大，如果管理措施不到位，经常在产量上出现很大的差异，单株结薯从几十粒到一百多粒不等，低至十几粒甚至几粒。因此，了解并掌握影响喷雾栽培生产微型薯产量的因素与技术措施显得尤为重要，这些技术措施介绍如下。

(1)选择适宜当地生产的品种 微型薯根据生育期的长短有早熟和晚熟之分。早熟品种适宜区域较多，同时适合北方一季作区和中原二季作区栽培，晚熟品种仅适合北方一季作区生产。中原二季作区喷雾栽培生产微型薯要求品种越早熟越好，而且要求块茎膨大速度快，耐高温性好，如郑薯六号、费乌瑞它等品种是该地区喷雾栽培生产的首选品种。晚熟品种或中晚熟品种的结薯期正值春季生产的高温和秋季生产的低温时期，都不适合块茎的形成和膨大，因此，常常导致结薯很少甚至不结薯。北方一季作区喷雾栽培，可以选择中晚熟品种，也可以选择早熟品种，但为了提高产量，以生育期较长的晚熟品种为首选。

(2)使用高效的营养液配方和浓度 营养液配方是喷雾栽培生产微型薯的关键，不同的营养液配方对产量有明显的影响。郑州市蔬菜研究所根据多年的生产经验，研究发明了一种喷雾栽培生产微型薯的营养液配方，并获得了国家发明专利。该配方根据微型薯生长发育对营养的需求特点，在固有配方的基础上，前期通过添加氮肥，促进茎叶迅速生长，及早完成发棵期，进入结薯期。结薯期通过添加磷肥和钾肥，为块茎形成和膨大提供充足的营养。同时，营养液中根据每个时期病害的特点，添加杀菌剂，有效地预防病害的发生，既能提高微型薯的产量又能提高微型薯的质量。该配方实现了营养液的动态管理，能够最大限度地发挥微型薯的结薯能力和增产潜力，在生产上得到了很好的应用。

(3)尽量延长结薯期 结薯期越长，块茎长成和膨大的机会越多,微型薯的产量就会越高。微型薯生长期间只要温度适合,块茎就能长成和膨大,因此温度是延长结薯期的关键因素。生产上往往采取提早定植、增温等措施促使植株尽早发棵,使植株提早进入结薯期。结薯后期,温度较高不适合块茎长成和膨大,生产采取加盖遮阳网、加强通风透气等措施降低棚内温度,尽量延长结薯期。总之,栽培管理的原则是提早结薯和延长结薯,从而尽量延长结薯周期,提高微型薯的结薯个数和产量。

(4)正确处理植株生长和块茎膨大的矛盾 植株生长和块茎膨大是互相矛盾的两个过程,较好的植株生长是块茎膨大的基础,但植株生长过旺,势必抑制块茎膨大。因此,为了提高微型薯的产量,必须解决好二者之间的矛盾,前期采取促进植株生长的措施促使植株快速生长并尽早进入结薯期,后期适当控制植株生长,促进块茎的长成和膨大。生产上采取的打杈、打顶和槽内的打顶整根等措施都是为了有效控制植株生长。落秧是为了能够提供更多的结薯节位,多次采收可以促进小薯块的膨大,这些措施对提高微型薯的单株结薯数和产量有着非常重要的意义。

50. 试管薯生产的优点和缺点是什么?

试管薯是指利用脱毒苗在瓶内直接诱导形成的薯块。试管薯生产与无土栽培生产微型薯相比存在一定的优势,首先是不受季节和气候的影响,可以周年大规模生产;其次,在繁育过程中杜绝了外来病菌的再次侵染,最大限度地保证了脱毒种薯的质量;第三,试管薯比试管苗更容易栽培、管理,成活率高,技术容易被掌握;最后,由于试管薯体积小,便于运输,大大降低了运输成本。

试管薯生产的缺点主要体现在以下两个方面:首先,用试管诱导方法生产脱毒微型薯的设备条件要求较高,技术要求较复杂,生产成本较高,该技术仅适用于有一定设备条件的科研院所用来生产用于研究的高质量种薯,而生产用于大面积推广繁殖的脱毒微型薯,则以无土栽培技术较为适用。其次,根据试验,试管薯后代有部分植株地上生长表现异常,比如出苗时形成大量丛生芽、叶片变长变小、植株矮化等,块茎外观性状没有任何变化,但单株结薯数少,块茎小,不过这种异常表现会在后代连续种植中逐渐消除,分析原因可能与培养基中加入激素的种类和剂量有一定关系。

51. 试管薯生产主要需要哪些设备?

试管薯是脱毒苗在培养瓶直接诱导结薯形成的。试管薯生产是在脱毒苗工厂化快速繁殖的基础上进行的,前期主要和脱毒苗快速繁殖程序一样,所需要的设备条件也相同,后期主要进行试管薯诱导,在原有设备的基础上,还应具备能够进行黑暗培养的培养室以及用于存放试管薯的低温贮藏室或大型冷藏柜等。黑暗培养室的大小可以根据试管薯的生产量进行确定,室内也应安装空调等控温设备,并有培养架用来摆放培养瓶。如果条件不具备,也可用快速繁殖培养室来代替黑暗培养室,但必须用遮光布进行遮光处理。贮藏室内应放置多层贮藏架,由于试管薯较小,应配备保鲜盒进行试管薯的存放。

52. 试管薯生产技术流程是什么?

试管薯的生产主要包括脱毒苗快速繁殖、试管薯诱导、试管薯收获等环节,试管薯主要生产技术流程如图 3 所示。

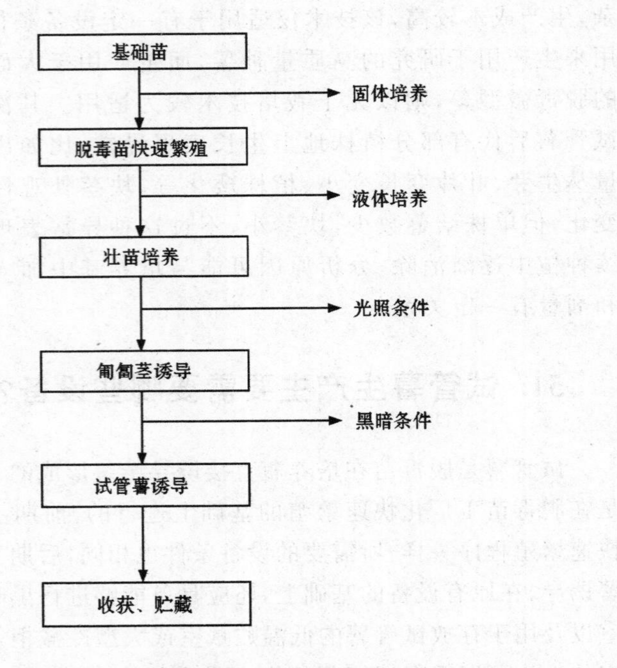

图 3　试管薯主要生产技术流程

53. 提高试管薯生产效益的关键技术有哪些?

根据试管薯生产技术流程可知,试管薯生产的主要技术环节有壮苗培养、试管薯诱导和试管薯收获等,其中试管薯诱导是决定生产效益的关键环节。不同的培养基配方,不同的光照及温度对试管薯的形成和生长都有不同的影响。因此,在试管薯生产过程中,筛选最适宜的培养基配方和优化最佳的光照、温度等管理技术成为影响生产效益的关键技术。

54. 怎样进行试管薯母株壮苗培养?

健壮的试管苗是成功诱导试管薯的关键,因此,在进行试管薯诱导前,必须要有健壮的试管苗作为基础。试管薯母株壮苗培养的主要技术措施介绍如下。

(1)选用适宜的壮苗培养基 培养基是试管苗生长的基础,为弥补培养室条件和昼夜温差不足等对试管苗生长造成的不利影响,可以在培养基中添加一些植物生长调节剂用来促进试管苗的健壮生长。经实验证明,在培养基中分别添加0.1%~0.5%的活性炭、0.5~5毫克/升的比久、2~50毫克/升的矮壮素等,均能使试管苗复壮。

(2)选用适宜的培养基类型 为了方便试管薯诱导时培养基的更换,壮苗培养基可以采用液体培养的方式,试管苗靠叶片的浮力漂浮在培养基表面进行静止培养,3~4周后每个茎段即可发育成1株健壮的具有5~7片叶的植株。试管薯诱导前,在超净工作台上将壮苗培养基更换成试管薯培养基即可。

(3)选用适宜的培养条件 昼夜温差有利于试管苗的健壮生长,因此有条件的话尽量将培养室温度调整为日温23℃~27℃,夜间16℃~20℃,每天16小时的光照,光强控制在2000勒左右。培养瓶要选用透气性好的封口材料,以利于气体交换,促进壮苗的长成。

55. 试管薯诱导培养基的主要成分有哪些?

培养基配方对试管薯的形成和生长起到至关重要的作用。试管薯诱导培养基除了具有马铃薯脱毒快速繁殖所需要的成分外,还需要添加一些必要的植物生长类物质等来促进块茎的长成和膨大。组成试管薯诱导培养基的主要成分如下。

(1)基本培养基 各研究者多以MS培养基为试管薯诱导的基本培养基。国际马铃薯中心则以与MS培养基相同浓度的无机盐+肌醇100毫克/升+维生素B_1 0.42毫克/升为基本培养基。台湾有关专家则将上述培养基中维生素B_1去掉,作为基本培养基。国外部分学者则采用MS无机盐混合物加入马铃薯提取物作为基本培养基。

(2)植物生长类物质 试验证明,只要诱导结薯的环境条件适宜,植物体内就能够合成足够的内源激素或结薯刺激物。因此,在试管薯诱导时,不添加任何外援的植物生长类物质也可诱导结薯,但结薯晚,产量较低。为了缩短试管薯的结薯周期,提高块茎的重量,添加适宜植物生长类物质还是必要的,它能加速试管薯的形成与发育,提高工厂化生产效率。

(3)碳源 8%左右的高浓度糖类是试管薯诱导过程中不可缺少的条件。这是因为培养基中高浓度的蔗糖既能为结薯提供碳源,又是植物体内养料物质的主要运输形式,能调节渗透压,影响植物组织对培养基中物质的吸收。在使用碳源的类型上,研究表明,不同糖类对微型薯形成产生的影响不同,蔗糖和葡萄糖效果较好,而麦芽糖几乎无作用。

(4)其他物质 由于活性炭可以吸收培养过程中产生的有害物质,因此在试管薯诱导培养基中添加0.1%~0.2%活性炭,对试管苗结薯有很大的促进作用,不仅可以提高单株结薯数,块茎的平均重量也有显著提高。

56. 不同植物生长类物质对试管薯结薯有什么影响?

在试管薯诱导过程中,可以通过添加不同种类的植物生长类物质来促进薯块长成和发育。不同的植物生长类物质对结薯有不同的影响，介绍如下。

(1)细胞分裂素 细胞分裂素能够促进离体培养匍匐茎的形成，这已为研究者证实。其中，细胞分裂素中作用最为明显的为6-苄基腺嘌呤，这是因为6-苄基腺嘌呤能促进细胞分裂和扩展，解除植物体内源生长素等对腋芽的抑制，刺激某些酶的活性，改变植物体的生理代谢活动，使营养物质更易于向细胞分裂素所在部位运输。6-苄基腺嘌呤对结薯的促进作用主要表现在增加单株结薯数和薯重两个方面。

(2)生长延缓剂 用于试管薯诱导的植物生长延缓剂中用得最多的是矮壮素。研究者认为，矮壮素能阻止植物体内6-苄基腺嘌呤的合成，可加速植株的衰老，但能促进块茎的形成，其作用仅表现在结薯数的增加，提高植株结薯率，但对试管薯发育不利。试管薯诱导过程中结薯数和薯块重量与矮壮素浓度的变化呈正相关，而矮壮素浓度对诱导结薯的影响明显小于6-苄基腺嘌呤。

(3)生长抑制剂 20世纪90年代初期，有人用廉价的植物生长抑制剂香兰素或香豆素代替矮壮素或6-苄基腺嘌呤来降低成本，他们发现，香兰素或香豆素＋MS培养基对四倍体微型薯诱导具有明显效果。

(4)生长素、赤霉酸等 生长素吲哚乙酸的功能主要是在转录与翻译水平上抑制了碳水化合物与淀粉的形成，因而匍匐茎异常健壮却没有块茎膨大。研究发现，从长日照转入短日照的马铃薯植株的成熟叶片，其提取的赤霉酸含量显著减少，这可以解释短日照对块茎形成的促进作用是因为降低了内源赤霉酸的抑制作用。赤霉酸加入到由6-苄基腺嘌呤诱导的具有匍匐茎的培养基中，在连续光照下，就会导致这些匍匐茎形成直立向上的枝。因此，在试管薯诱导中赤霉酸对块茎形成起抑制作用，表现为结薯期延长，不利于缩短生产周期。

在试管薯诱导过程中，以上这些生长类物质往往配合使用将会取得显著的效果。使用哪一种生长类物质和使用多大浓度要根据不同的基因型进行研究确定。

57. 光照对试管薯的形成有什么影响？

马铃薯薯块的形成与光照周期有很大关系，当光照长度小于临界光照周期时才能形成块茎，并且块茎的形成对光照周期的反应也无特殊的发育阶段性，也就是说刚刚长出一片叶子的马铃薯植株，只要光周期和温度适合，就能形成块茎。黑暗能促进试管薯的形成，特别是那些对光照周期反应敏感的品种，表现为结薯早，结薯率增加。光照对试管薯的诱导不利，随着光照时间的延长，单株结薯数降低，但由于光照对试管薯的膨大有利，因此研究发现，8小时光照下产生的试管薯鲜重超过全黑暗处理所产生试管薯鲜重的2倍以上，而块茎形成的百分率与黑暗培养相似。在试管薯诱导过程中，给予短日照的光照，虽然能够增加单薯重，但结薯时间延迟，这对于加快速繁殖效率的工厂化生产不利，而且增加能源消耗，试管薯生产成本也会相应增加。因此，常规的试管薯诱导多在全黑暗条件下进行。

58. 温度对试管薯有什么影响？

温度是影响试管薯长成的主要环境因素，块茎长成的适宜温度为15℃～20℃，因此低温对诱导试管薯块茎的长成有利。随着温度的升高，温度对试管薯长成的作用减小，而过高温度即35℃以上结薯过程被彻底抑制。同理，过低的温度即10℃以下也不能诱导试管薯长成。试验证明，低温结合黑暗条件，对试管薯长成极为有利，主要表现为结薯早，结薯数多，大薯率也明显高于常温

(25℃左右)条件。另外,昼夜温差进行动态管理,有利于块茎的长成,以晚间 16℃、白天 25℃为最适。

59. 试管薯的生产规模如何计算?

从试管苗接种到长成壮苗需要 25～30 天,从壮苗开始诱导试管薯到收获 25～30 天,也就是说整个试管薯诱导周期为 50～60 天,一年可以诱导试管薯 6～7 批。如果采用 100 毫升培养瓶进行试管薯诱导,每瓶可接种 10～15 株,按平均单株结薯数 1.5 粒计算,每瓶可收获试管薯 15～22 粒。每平方米培养架可以摆放 100 毫升培养瓶 220 瓶,培养架按 5 层计算,即每平方米的立体空间可摆放培养瓶 1 100 瓶。每平方米的立体空间试管薯年产量根据公式:年产量＝每年批次(6～7)×每瓶结薯数(15～22)万×每平方米立体空间总瓶数(1 100)可以计算出为 9.9 万～16.9 万粒。据此可以推断出达到预定生产目标所需要的试管薯生产工厂的规模,或者每个培养室最大的试管薯年生产量。

60. 试管薯后期应用过程中出现的主要问题有哪些?

(1) 损耗大 试管薯体积小、水分含量高,在贮存过程中易失水干化死亡,同时湿度太大又极易腐烂,因此,试管薯在后期贮藏过程损耗较大。

(2) 发芽不整齐 在组培条件下获得的试管薯,由于结薯时间不一,收获批次较多,不同收获期的试管薯的休眠期不同,直接播种后易出现出苗时间长、出苗不整齐等问题,不便于田间管理。

(3) 变异多 因为在试管薯诱导过程中使用了不同种类和浓度的植物生长类物质,导致在试管薯后期应用过程中经常出现各种各样的变异现象。

61. 如何解决试管薯发芽不整齐的问题?

为了使试管薯能够在生产中出苗快且整齐,方便田间管理,应根据试管薯收获时间和发芽情况分别对待。收获时间长,试管薯已经发芽时,可以不浸种直接进行播种,对于没有通过休眠期尚未发芽的试管薯,播种前要用赤霉素进行浸种处理。不同品种应根据休眠期长短、浸种浓度和时间做适当调整,以费乌瑞它为例,以10 毫克/千克的赤霉素浸种 10 分钟为宜。浸种浓度越大、浸种时间越长,出苗较快但苗子生长较弱,直接影响微型薯的产量。播种时,将直接发芽的试管薯和经过浸种发芽的试管薯分开播种,保证一致的出苗时间和生长势,方便田间水肥等的管理。

62. 试管薯生产中出现的变异现象主要有哪些?

经试验发现,试管薯在后期应用过程中,在诱导培养基中添加植物生长调节剂获得的试管薯出苗后,植株会出现许多异常情况,这种异常情况表现为:叶片狭长,植株大量丛生,植株明显矮化,叶片皱缩、肥厚、深绿,地下部结薯个体小等。同时,这些生长异常现象会在后代中延续,随着种植代数的增加逐步消减。而培养基中没有添加任何植物生长调节剂的试管薯则一切正常。由此可见,试管薯的变异现象是由培养基中添加了植物生长调节剂引起的,具体是由哪一种植物生长调节剂引起或哪一种生长调节剂引起哪一种变异还需要进一步研究和确定。

63. 试管薯生产中存在的主要问题是什么?

与传统的基质栽培生产微型薯相比,试管薯生产过程中存在的主要问题有如下几个方面。

(1)单株结薯较低 试管薯诱导过程中平均单株结薯数仅有1~1.5粒,基质栽培平均单株结薯数2~3粒,喷雾栽培平均单株结薯数达到了30~50粒。因此,试管薯诱导过程中的单株结薯数较低,单株产量还有很大的提升空间。这就需要在今后的工作中对试管薯的诱导技术,包括培养基配方、培养条件、培养方法等进行更深一步研究,从而提高试管薯的单株结薯数,最大限度地发挥试管苗的结薯能力,提高试管薯的产量和生产效益。

(2)后期应用存在问题较多 试管薯由于个体小,水分含量大,在后期应用过程中经常存在诸多问题,比如存放过程中损耗过大,发芽不整齐和出现变异现象等,正是这些问题的存在,严重制约了试管薯的推广和应用。因此,如何更好地解决试管薯应用过程中存在的问题成了试管生产过程中亟待解决的难题。

64. 如何降低试管薯生产成本?

为了使试管薯能够大量推广和应用,必须尽可能地降低试管薯的生产成本,充分体现试管薯的生产优势。试管薯生产过程主要包括试管苗快速繁殖及试管薯诱导两个阶段,降低试管薯生产成本的方法分别从这两个阶段分析。试管苗快速繁殖和壮苗程序及步骤与脱毒苗相同,因此降低该阶段生产成本的方法也基本一样,具体方法在前面章节已经详述,这里不再重复。

试管薯诱导过程中,经试验发现不加任何植物生长调节剂的培养基诱导的试管薯虽然单粒重处于较低水平,但结薯个数并不比植物生长调节剂诱导的低很多，从脱毒种薯产业化应用的角度而言，试管薯结薯个数的提高更有利于繁育效益的提高。另外，不添加任何植物生长调节剂生产的试管薯在后期应用过程中没有变异现象，省去了后期筛选、鉴定的投入，也在一定程度上降低了试管薯的生产成本。因此，本着降低成本、简单易操作和便于产业化应用的目的，在试管薯诱导过程中可以采用无植物生长调节剂的生产方式进行生产。在试管薯诱导过程中，给予短日照的光照可以增加单薯重，但结薯时间延迟，这对于加快速繁殖效率的工厂化生产不利，而且增加能源消耗，不利于降低成本。因此，在试管薯生产过程中尽可能采用全黑暗培养，不仅可以缩短繁育周期，还可以降低成本，提高试管薯的生产效益。

65. 什么是脱毒马铃薯原种？

根据屈冬玉等人于 2007 年提出的三代种薯繁育体系，原种又叫第二代种薯(G2)，在我国颁布的脱毒种薯质量标准中，原种为基础种薯，又可分为一级原种和二级原种。原种指在网棚或自然条件隔离较好，周边(800 米内)无其他级别的种薯或商品薯生产等条件下，利用微型薯生产出来的种薯，其大小控制在每块 75 克以下，不带各种细菌、真菌病害，田间病毒株率(马铃薯卷叶病毒、马铃薯 Y 病毒、马铃薯 X 病毒、马铃薯 S 病毒)不超过 1%。

66. 什么是脱毒马铃薯合格种薯？

合格种薯在我国颁布的脱毒种薯质量标准中，可以分为一级种薯和二级种薯，在三代种薯繁育体系中又叫第三代种薯(G3)。合格种薯指在自然条件较好(海拔较高、蚜虫较少、气候较凉)、天然隔离条件较好、周边无商品薯生产等条件下，利用原种生产出来的、块茎大小在100克以下的种薯，其不带有各种真菌、细菌病害，田间病毒株率(马铃薯卷叶病毒、马铃薯Y病毒、马铃薯X病毒、马铃薯S病毒)不超过5%。

67. 生产脱毒马铃薯原种与合格种薯的主要目标是什么?

种薯是马铃薯生产最重要的物质基础，也是脱毒种薯生产效益的关键环节。生产脱毒马铃薯原种和合格种薯的主要目标如下。

(1)质量控制 种薯质量的优劣直接关系到马铃薯的产量和品质，更关系到广大农民的收益。我国2000年颁布了马铃薯脱毒种薯质量标准(现为GB 18133—2012)，将种薯质量控制作为种薯生产中最为重要的生产目标。种薯质量控制内容主要包括了品种的典型性、纯度、病害级别、环境中的侵染源等，在实际生产中要严格按标准要求进行品种鉴定、纯度鉴定，预防病毒病以及其他真菌、细菌和虫害的再次侵染，保证脱毒种薯具有好的质量和种性。

(2)大小控制 产量是种薯生产中另一个较为重要的目标，也直接关系到种薯生产效益的高低。由于用小型种薯做种，进行整薯播种，具有减少病害的感染和传播，减少用种量，耐不良的播种条件，并能发挥种薯的顶端优势等好处，是今后种薯生产的方向。在三代种薯生产体系中，对种薯的大小又做了明确规定，要求种薯大小在100克以下。因此，种薯生产的产量指标应以单株结薯数多，薯块较小并均匀一致为主，提高繁殖倍数的同时也保证了生产产量。

68. 提高原种和合格种薯生产效益的关键技术有哪些?

从种薯生产的主要目标可以看出,质量控制是种薯生产的关键环节,因此,种薯生产过程中采取许多技术措施来提高种薯生产质量。这些关键技术主要包括种薯选择、繁育基地选择、防止病毒再侵染等系列措施和严格的病虫害防治措施等。同时,生产上还通过控制播期、密度、采收期等措施对种薯的大小进行调控,以此来实现原种和合格种薯的质量标准和大小标准,最大限度地提高脱毒种薯的生产水平和种植效益。

69. 怎样选择用于生产原种的微型薯?

在现行的繁育体系中,由于微型薯生产成本高,直接作为原种会影响生产效益,因此微型薯一般都是作为原原种生产原种,然后再进行下一步的繁育。微型薯的生产设备投入大,技术要求高,不是每个种薯繁育部门都能具备相应的生产条件和生产能力,因此,许多脱毒种薯生产者都需要购买微型薯作为种薯繁育的基础,如何选择微型薯就成为一个必须面临的问题。

在选择微型薯时,必须考虑 3 个方面,首先是考虑微型薯生产厂家的信誉与生产条件。一定要选择信誉好,具备微型薯生产条件和生产能力的厂家,而且所购买的微型薯最好有质检部门颁发的检验证书或标签,且无质量问题。其次是考虑微型薯的级别。脱毒苗扦插后生产的微型薯由于个体较小,不适合作为原原种生产原种,生产上采用基质栽培的方法进行复种生产较大的微型薯,这就使得微型薯的代数有所不同。往往将脱毒苗扦插后直接生产的微型薯称为一代微型薯,一代微型薯播种后生产的微型薯称为二代微型薯，依次类推。微型薯代数越高，病毒再侵染的机会越多，种性就会有所降低。因此，在选购时一定要清楚微型薯的代数，尽量选购级别较高的微型薯。最后是考虑微型薯的规格、大小、收获期等。不论何种生产方式生产的微型薯都会出现大小不均匀的现象，为了保证有整齐的生长势和较高的产量，尽量选购规格一致、大小在 2 克以上的微型薯，同时，还应尽量选购收获期较早，保证在播种前能够度过休眠期的微型薯。

70. 怎样选择脱毒种薯繁育基地？

脱毒种薯生产不是简单的扩繁，而是通过特定的种薯繁育体系，在具备一定的生产条件的基地上，生产高质量的健康无病的种薯。它是由脱毒、鉴定、快速繁殖、原种生产、良种繁育、种薯栽培技术、种薯检验、分级等各个环节组成的生产体系。每一个环节对脱毒种薯生产的产量和质量都有影响。脱毒种薯基地的选择在种薯生产中也至关重要，直接关系到繁殖出的种薯质量。脱毒种薯繁育基地应具备以下条件。

(1)蚜虫少，气候冷凉　病毒病是引起种薯退化的主要原因，而病毒病的危害主要是蚜虫，以桃蚜危害最为严重。蚜虫最适宜的活动温度为 23℃～25℃，低于 15℃则起飞困难。因此，凉爽条件下不利于桃蚜活动，但却非常适合马铃薯生长和块茎膨大。风速大能有效地阻碍蚜虫的降落和聚集。因此，脱毒种薯繁育基地应选择在高纬度、高海拔、风力大、天然隔离条件好的凉爽地区。

(2)隔离条件好　在种薯生产基地较大范围内，没有马铃薯生产田，以及没有能使马铃薯感染病毒的其他茄科类植物。种薯生产基地还应避免与喜蚜植物如桃树、油菜等相邻。如果天然隔离条件不具备，可以通过覆盖网纱进行人为隔离，可有效地防止蚜虫传播，避免病毒的再次侵染。

(3)土壤条件好 脱毒种薯繁育基地要实行3年以上无马铃薯、茄科植物的轮作，选择排水良好的沙壤土或壤土，土层深厚、疏松、肥沃，微酸性土壤最好，避免使用黏性土壤和盐碱性土壤。

71. 脱毒种薯繁育基地为什么要实行3年以上无茄科植物的轮作？

马铃薯与番茄、烟草、辣椒和茄子等同属于茄科作物。一种茄科作物感染的病毒或病害，常会感染其他茄科作物。如烟草花叶病毒、烟草坏死病毒都可侵染马铃薯；番茄黑环病毒、番茄花叶病毒和番茄斑点萎蔫病毒也都能侵染给马铃薯；番茄感染了真菌性晚疫病，通过气流传播番茄上的晚疫病孢子，很容易侵染给马铃薯。如果马铃薯上茬作物为茄科类植物，或者与茄科类植物相邻种植，增加了马铃薯种薯感染各种病毒和病害的可能。又由于茄科类作物种植和收获期不同，给病菌提供了长时间循环侵染的条件，增加了繁育优质种薯的难度。因此，在脱毒种薯繁育基地选择中，最少要实行3年以上无茄科植物的轮作。

72. 微型薯播种时的注意事项有哪些？

微型薯由于个体较小，在播种技术上还应注意以下事项。

(1)催芽 微型薯生产都在保护地条件下进行，一般一年多茬种植，因此收获期不同，其休眠期也不同。为保证播种后出齐苗，要根据微型薯的生理年龄，确定是否催芽，并根据不同品种的特性，确定催芽时间和催芽剂浓度等，具体催芽方法同常规种薯一样。待微型薯具有0.5厘米以上健壮的芽时即可进行播种。

(2)严格分级 微型薯个体差异较大，播种前应按微型薯代数和大小进行严格分级，播种时也应按不同级别播种，这样能够保证出苗整齐，方便后期管理。

(3)播种深度 由于微型薯个体较小，播种不宜过深，以5～10厘米为宜。可以选择土壤肥沃、较疏松的地块开沟条播，最后盖一层5厘米的细土，也可以将垄整好后，按株距直接在垄上打孔播种，孔深5厘米左右。

(4)播种密度 用微型薯做种薯主要进行原种繁育，为了获得数量多、个体小的原种，微型薯种植密度较常规生产密度较大，垄距80～90厘米，双行种植，60厘米垄距单行播种，株距一般控制在15厘米左右，可根据微型薯的大小适当调整，每667米^{2}微型薯播种量6 000～12 000粒。另外，播种密度还要根据当地的气候、土壤、品种等具体因素灵活掌握，最好是经过比较试验来确定。

73. 脱毒种薯防止病毒再侵染的主要技术措施有哪些？

脱毒种薯生产即使有很好的种薯生产基地和脱毒质量很高的微型薯，一旦进入生产环节病毒的侵染还是不可避免的，所有的技术措施只能最大限度降低病毒感染的机会而不能绝对防止病毒的侵染。然而，实践证明，如果没有这些技术措施的保护，脱毒种薯的质量会大幅下降，脱毒种薯的应用就不能成为现实。脱毒种薯生产过程中防止病毒再侵染的措施主要有以下几点。

(1)及早促进成龄抗性植株的形成 病毒极易侵染马铃薯幼嫩植株，随着株龄的增加，病毒在植株体内繁殖运转的速度减慢，到块茎形成时病毒既不易侵染植株，也很难在块茎内积累。因此，采取有效的栽培管理措施促进植株及早进入成龄抗性时期，是防止病毒再侵染的关键。

(2)网棚隔离 原种生产由于数量有限，种植面积一般不大，为了提高原种的质量，在生产上通常采用网棚隔离，能将蚜虫隔离在生产田外，有效防止病毒的传播。网棚隔离生产脱毒原种就是以微型脱毒薯（原原种）为种源，在利用网纱人工隔离防蚜的条件下繁育种薯，是脱毒马铃薯种薯繁育的重要环节，只要严格按照科学的技术规程操作，就能生产出质量优、成本低、产量高的原种。防虫网一般选用40～60目的优质尼龙纱网，要求接缝扎牢靠，无裂口、破洞。网棚隔离生产原种由于棚内通风透气较差，植株易出现徒长，病害也容易发生，因此，应加强肥水管理，并做好病害综合防治工作。

(3)减少传毒媒介 马铃薯病毒病除了可以通过种薯进行传播外，还可以通过蚜虫、接触摩擦、汁液等进行传播。因此，在脱毒种薯生产过程中还需要采取各种措施以减少传毒媒介的存在，如生产中严格进行蚜虫防治，切块时进行切刀消毒等，都是防治病毒传播和再侵染的有力措施。

(4)拔除退化株 拔除病株是防止种薯再退化最直接的栽培措施。拔除病株要在出苗后，蚜虫发生以前及时开始，并且要定期进行。发现病株及时拔除，还要将地下部母薯和块茎一并清除。如果发病有蚜虫，要及时施药，以防蚜虫继续传播危害。

(5)收前杀秧 收前杀秧是将地上部茎叶拔除，中断病毒向块茎中转移，使留在土壤中的块茎继续木栓化，避免收获时发生机械损伤。杀秧要彻底，否则会重新发出新芽，蚜虫继续危害嫩芽，病毒传播的速度更快，从而达不到杀秧的效果。

(6)早种早收 早种早收可以将马铃薯生长期躲过高温和蚜虫迁飞期，使马铃薯少受蚜虫危害，提高种薯质量。生产上可以采取催大芽、覆盖地膜、加强田间管理等措施弥补早种早收造成的产量损失。

74. 什么是马铃薯的成龄株抗病性?

成龄株抗病性是指马铃薯生长中后期对病毒的侵染有一定的抗病性,植株生育后期感染病毒时,能减少或阻止病毒向新生块茎中运转与积累。没有成龄株抗病性的幼龄植株,受病毒侵染后,在植株体内增殖、运转速度快,随着株龄的增加,病毒的增殖运转速度减缓。马铃薯植株的成龄株抗病性一般在块茎开始形成后2~3周完成,此时病毒很难向块茎中积累。成龄株抗病性形成的早晚与品种有关,更与栽培条件和栽培技术有关。

75. 促进马铃薯植株成龄抗病性尽早形成的栽培措施有哪些?

促进植株尽早形成成龄抗病性的栽培措施主要有以下几点。

(1)种薯催大芽 种薯催大芽是目前进行早熟栽培采用的主要催芽方式。催大芽能够提早出苗10~15天,促进植株尽早形成块茎,达到成龄株抗病性的标准,减少蚜虫对植株的危害,同时还可提高产量10%左右。

(2)覆盖地膜 覆盖地膜可以明显提高温度,促进马铃薯早出苗、早结薯,促进马铃薯及早形成成龄株抗病性,减少植株体内病毒的积累与繁殖。

(3)科学施肥 科学施肥是提高植株抗病性的主要技术措施。氮、磷、钾三要素对马铃薯生长发育具有不同的影响,氮肥过多时茎叶生长旺盛而延迟结薯,增加了病毒感染概率,茎叶的旺盛生长还易使感染病毒病的症状隐蔽,增加了拔除病株的困难。适当增加磷、钾肥可促进结薯及早成熟,使植株提早具抗病性。

76. 脱毒种薯生产为何提倡早种早收？

脱毒种薯生产中早种早收可以避免病毒病的再次侵染，提高种薯的生产质量。早种可以促进植株及早具抗病性，并使生长期躲过高温和蚜虫迁飞期，避免马铃薯遭受蚜虫危害，提高种薯产量。早收也是减少病毒再侵染的有效方法，根据有翅蚜迁飞规律，避开蚜虫的活动盛期，在染病植株体内病毒转运到块茎之前灭秧或早收。马铃薯植株上的叶片在蚜虫传播病毒后，需要经过 7 天的时间才能转运到块茎，因此根据蚜虫预测预报，确定种薯的收获时间，可在有病毒侵染前获得健康种薯。早种早收是中原二季作区繁育体系的主要措施之一，其他栽培区域可以根据当地蚜虫迁飞规律借鉴采纳。

77. 种薯生产中为什么提倡小型种薯做种？

小型种薯是指单薯重在 25～75 克的种薯。使用小型种薯做种，可以实现整薯播种。整薯播种与切块播种相比，具有很多优点。

(1)减少切块造成的病毒、病害的传播 一些病害，如青枯病、细菌性环腐病、软腐病、X 病毒、S 病毒和纺锤块茎类病毒等在种薯切块时可以通过切刀传播。虽然切刀可以进行消毒处理来防止一些病害的传播，但感染某些病害的病薯并不一定显示症状，很难通过切刀消毒百分之百的杜绝病害的传播。小型种薯由于个体小，不用切块，可以避免切块时造成的病害传播。

(2)减少种薯用量，降低调种成本 种植小型种薯，较目前的大种薯可节省种薯用量的 1/2。另外，小型种薯个体小，用种量小，可以节省存放空间，并方便种薯调运，降低运输成本。

(3)出苗率高、生长势强 小型种薯由于有完整的薯皮,有利于保存块茎内的水分、养分,能抵抗干旱、湿涝等不良的土壤条件,最大限度地保证出苗,达到苗齐、苗全、苗壮。

(4)种薯繁殖倍数高 使用小型种薯播种,每一个薯块都能充分发挥其顶端优势,较切块的种薯发出的茎数多,单穴结薯数多。对于脱毒种薯繁育来说,能够提高种薯的繁殖倍数,增加脱毒种薯的生产效益。

78. 怎样生产小型种薯?

(1)利用适宜生理年龄的种薯 马铃薯块茎自收获后,随着贮藏时间的增加,因其本身的生理和发育状况不同,所以对块茎做种薯时的发芽能力有不同的影响。试验证明,贮藏3.5～5.5个月的块茎,能萌发5～6个壮芽,采用这个时期的块茎做种薯,每穴发生的主茎多,每个主茎可结3～5个块茎,因此单穴结薯多,由于对养分的竞争,所结块茎个体较小。

(2)合理密植 单位面积主茎数的多少,与块茎的数量、大小和产量有很大关系。适当密植,主茎数多,结薯数越多。由于每个块茎所占的营养面积减少,小块茎数相对增加。根据荷兰生产的经验,当生产大块茎的商品薯时,每平方米的主茎数为15个左右,但繁殖种薯时,每平方米的主茎数则为30个,比生产商品薯的密度高1倍。

(3)适当早收 作为种薯生产,当块茎达到一定程度后,其大小达到了做种薯的要求,即可收获。这样既防止块茎长得过大,又可减少病毒再侵染的机会。早收对产量造成的影响,可通过增加种植密度进行补偿。

79. 怎样拔除种薯生产田的病株、杂株?

病株是真菌、细菌尤其是病毒扩大再侵染的主要侵染源,拔除病株是种薯生产过程中消灭病毒来源、防止扩大蔓延的一项最重要、最直接的措施。拔除病株在马铃薯出苗后即开始进行,每隔7～10 天进行 1 次。栽培人员应具有识别病毒症状的能力,要对全田认真检查,发现病株及时拔除。拔除病株时,如发现植株上有蚜虫,必须先在病株及其周围喷洒灭蚜药剂。拔除病株时将发病植株及地下块茎一并清除,并装入袋中带出生产田妥善处理。同时,在进行生产田检查时,尤其是在植株现蕾开花期,可根据品种开花特性及时拔除杂株,收获时根据薯块特征,剔除混杂植株,以保证种薯的纯度和质量。

80. 种薯生产田浇水时采取什么措施来抑制病害的传播与发生?

马铃薯病害传播的途径有很多,通过雨水或灌溉传播也是其中的一条途径。如果浇水方法不当,可能会导致病害的大面积传播,甚至成为毁灭性的灾害。因此,浇水时要注意以下几项措施。

(1)清除病株 在进行浇水前,必须检查田间是否有病害发生。如果植株发病,要及时拔除田间病株并带出地块,同时进行施药防病,2～3 天后才可进行浇水。

(2)控制湿度 不论是真菌性病害还是细菌性病害,发病的必要条件是土壤、空气湿度大,所以首先浇水要均匀,避免大水漫灌和田间积水,否则土壤湿度大,植株极易发病;其次,浇水应选择在晴天的上午进行,避免阴天、低温时浇水,这样能有效地控制空气湿度,抑制病害的发生和蔓延。

(3)保证水源安全 灌溉马铃薯所用的水源必须保证其安全性,避免用污水进行浇灌而造成病害的发生与蔓延。

81. 为什么种薯生产田要尽量避免使用生长抑制剂来控制植株徒长?

马铃薯开花现蕾后进入结薯期,地下匍匐茎开始膨大长成块茎。此期存在着地上部茎叶旺盛生长和地下部块茎迅速膨大相互矛盾的关系,生产者为了有效控制徒长,保障地下块茎的膨大,常常采用喷施生长抑制剂的措施,这一技术措施在商品薯生产上被普遍使用并收到较好效果,但在种薯生产上建议尽量避免使用,原因如下。

(1)降低植株抗病性 植物生长抑制剂虽然有效控制了徒长,但因其限制了植株的正常生理代谢,因此降低了植株的抗病性。实践证明,喷施过抑制剂的地块极易出现真菌、细菌病害的大面积发生,不仅造成产量损失,还提高了种薯带病的风险,降低了种薯的质量,给下一代的生产带来威胁。

(2)生长抑制剂的残留严重 表现在两个方面,一方面是土壤残留,对下茬农作物生长造成严重影响;另一方面是种薯残留,造成种薯畸形,发芽缓慢,严重影响了种薯的质量,甚至导致种薯失去种用价值。

82. 怎样科学控制马铃薯植株徒长?

科学控制植株徒长,要从肥水管理上下手,具体如下。

(1)合理施肥 在肥料施用方面,基肥要重施有机肥,并与化肥配合施用,适当减少氮肥用量,增施磷、钾肥用量。追肥应在幼苗期进行,尽早追肥,在马铃薯现蕾开花期不宜追肥,如追肥以磷、钾肥为主。

(2)适时适量浇水 马铃薯栽培过程中要根据具体情况进行适时适量浇水，才能促进植株发育，控制植株徒长，确保获得高产。一般苗期不浇水或少浇水，现蕾后，要根据墒情小水勤浇，保证有足够的水分供植株生长发育。如植株出现徒长，可通过减少浇水次数和浇水量来控制植株进一步徒长，促进光合产物向块茎转化。

83. 北方一季作区进行马铃薯脱毒种薯生产的主要技术措施有哪些?

北方一季作区气候凉爽，日照充足，昼夜温差大，非常适合马铃薯生长，栽培面积约占全国 50%以上，是我国马铃薯主产区。同时，冬季严寒，土传病害、虫害相对很少，尤其是蚜虫、白粉虱等病毒病传播媒介少，因此是马铃薯种薯繁育的天然基地。这一栽培区马铃薯生产为一年一熟，生长期多为 5～9 月，为春播秋收的夏作类型，一般 4 月下旬或 5 月初播种，9 月下旬或 10 上旬收获。北方一季作区由于其独特的气候条件和生产特点，种薯生产的各个环节和技术措施与常规商品薯生产以及中原二季作区种薯生产有一定的差异，其主要技术措施介绍如下。

(1)基地隔离工作 北方一季作区由于气候凉爽，蚜虫等病毒传播媒介较少，因此非常适合脱毒种薯的繁育。尽管如此，该区在进行种薯繁育时，仍要选择隔离条件较好的地块作为种薯生产基地。例如，黑龙江省种薯基地建立在纬度高、气候凉爽、植被隔离条件好，交通方便的大兴安岭地区和嫩江地区，河北省种薯基地主要建立在气候凉爽的坝上各县，甘肃省在海拔高、气候凉爽、雨量充沛、四周群山环绕、隔离条件好的地区建立脱毒种薯生产基地。

(2)整地、施肥、播种 北方一季作区一般为连片种植，机械化程度较高，整地多采用深松耕法，利用机引深松铲，上翻 15～18 厘米，下松 25～30 厘米，实践证明，深耕整地是马铃薯增产的重要一环。北方一作区马铃薯旱作面积很大，由于生育期间雨量很少，灌溉条件缺乏，追肥效果不理想，一般采用播种时一次施足基肥和种肥的方法。由于磷、钾肥能促进植株成龄抗病性的形成，提高块茎干物质的含量，增强种薯的耐贮性和耐运性，因此在种薯生产过程中提倡以有机肥料做基肥，增施磷、钾肥，控制氮肥用量。用小整薯播种，可以节省切块用工，防止病毒、病菌的再侵染，提高种薯的质量和产量。同时，小整薯播种，便于机械化操作，在北方一季作区粗放的旱田栽培条件下，整薯播种不失为一项经济有效的增产措施。

(3)田间防护 脱毒种薯生产与商品薯生产的田间管理措施基本相同，所不同的是种薯生产过程中要进行严格的田间防护工作，包括定期进行剔杂、拔除病株，制定病虫害防治规程，进行严格的病虫害防治等，通过一系列的田间防护工作达到提高脱毒种薯的质量和种性的目的。

(4)收获 进行种薯生产时，其收获时间一般要比商品薯提前，这样可以控制种薯大小。收获前进行除秧，可以有效防止病毒、病菌向块茎转移，促使薯皮老化，提高种薯的耐贮性，同时还便于机械化操作。收获过程中根据种薯品种特征进行剔杂，严防再次机械混杂而降低种薯的纯度。

84. 中原二季作区进行马铃薯脱毒种薯生产的主要技术措施有哪些？

由于中原二季作区夏季长、温度高不适合马铃薯的生长，因而形成了中原二季作区春秋二季栽培的栽培模式。春季于 2 月下旬至 3 月上旬播种，5 月下旬至 6 月上旬收获，主要以生产商品薯为主，秋季于 8 月播种，11 月收获，主要做种薯生产供第二年春播用。由于中原二季作区气候规律和生产特点与北方一季作区不同,因而形成了独特的种薯繁育体系,该繁育体系的主要生产技术措施如下。

(1)基地选择与隔离 中原二季作区的马铃薯良种繁育体系与北方一季作区不同。春马铃薯生育季节气温较高,桃蚜等传毒媒介较多,植株极易感染病毒并在块茎内积累,留种难度大,种薯使用年限短,因此,在种薯生产中基地选择和生产防护显得尤为重要。基地应当选择天然隔离条件较好,气候条件比较凉爽,土壤中没有任何马铃薯土传病害,没有或很少有蚜虫之类的传毒媒介,并且与商品马铃薯生产田隔离较远。如果天然隔离条件不好,可以采取搭建防虫网棚的方法进行人工隔离,并在生产过程中加强防护措施,以确保种薯生产中没有病毒再次侵染的机会。

(2)播种时期及方法 中原二季作区春季栽培后期高温高湿,不利于马铃薯生长发育,而且正值蚜虫迁飞高峰期,马铃薯病害发生严重,病毒再侵染的机会较多。因此,生产上往往提倡早种早收,尽量提早生长发育,使结薯期在炎热多雨天气来临之前完成,达到控制退化和防治烂薯的目的。秋季马铃薯播种时,正值高温多雨季节,采用切块播种常常出现烂薯、死苗现象,造成减产甚至绝收。采用小整薯播种,不仅可以解决烂薯、死苗问题,而且可以防止切块时病毒的再次侵染,对防止退化、提高产量也有重要的作用,目前小整薯播种已成为中原二季作区秋薯栽培和就地留种的重要栽培手段。秋播种薯一般采用春季生产薯,种薯尚未度过休眠期,因此,播种前还要根据种薯出芽情况进行催芽处理。秋季马铃薯播种期虽然可适当提前,但提前播种病毒病和疮痂病危害严重,反而会导致减产和商品率下降。因此作为秋季留种田,马铃薯播种期尽量晚些,这样利于防止病毒侵染,保持良好种性。

(3)田间防护 中原二季作区脱毒种薯生产的田间防护措施与一季作区基本相同,所不同的是由于该区在马铃薯生长期内温度高,雨水大,蚜虫等传毒媒介多,病害发生较重,因此,防护措施相对更加严格,生产成本和管理成本相对较高。

(4)适期收获 春季生产马铃薯种薯应提倡尽早采收。早收可以避开高温多雨季节和蚜虫的危害,有效防止种薯退化和烂薯现象。马铃薯秋季的收获要根据各地的霜期而定,初霜各地轻重不一,每次枯霜后总有几天回暖,只要土壤表层不发生结冻,薯块不至于受冻害,收获可在地上秧苗全部被枯霜杀死以后进行。

85. 脱毒种薯繁育技术存在哪些问题?

近几年,随着政府的重视和科技人员的努力,我国脱毒马铃薯种薯繁育技术与种薯产业取得了令人瞩目的成绩,但相对于我国马铃薯生产发展的需要,种薯产业还存在许多的问题,尤其是在脱毒马铃薯种薯繁育技术上更有待进一步加强。目前,存在的主要问题介绍如下。

(1)基地选择比较混乱 马铃薯脱毒种薯生产基地必须要满足一定的环境、气候条件等。许多地区为了加强马铃薯脱毒种薯生产基地管理,确保种薯质量,制定并出台了相应的脱毒种薯生产基地认定办法等。虽然如此,脱毒种薯生产基地的选择仍然比较混乱,一些不符合种薯生产要求的基地往往也用来进行种薯生产,并且隔离措施落实不到位,重茬现象严重,不能真正实行3年以上的无茄科植物的轮作,导致种薯质量和产量大大降低。

(2)防退化措施落实不到位 在脱毒种薯生产过程中,需要采取一系列的防止病毒再侵染措施来防止种薯退化,确保种薯质量。但在实际的种薯生产中,防退化措施常常落实不到位,导致脱毒种薯的质量和产量不能得到保证,从而影响了脱毒种薯的生产效益。如由于生产面积较大,同时为了减少用工而往往忽略了田间拔除病株、杂株等工作;为了追求高产在蚜虫迁飞期前尚未收获种薯;

各种真菌、细菌病害的检疫及防护工作尚属空白或不完善等。

(3)种薯大小控制不严格 利用小整薯播种，不仅可以降低种薯投入，还能减少病害的发生，提高马铃薯生产产量和质量。因此，在脱毒种薯质量控制标准中对种薯大小进行了明确规定，并在脱毒种薯生产过程中采取一定的措施来控制种薯的大小。但是，许多种薯生产者为了追求高产和经济效益，生产的种薯薯块较大，并将这些大薯块作为种薯进行销售，导致种薯大小不一，质量降低，并影响下一季的马铃薯生产。

(4)种薯贮藏和运输损耗大 在种薯贮藏过程中由于设施、设备落后，再加上对病虫害尤其是生理病害的防治重视不到位，导致种薯损耗过大。另外，北方为我国主要的马铃薯种薯生产基地，中原二季作区及南方大部分地区均需从北方调种，北方到南方的大跨度调运过程中，往往由于防冻、降温等措施不到位而导致烂薯，种薯损耗严重。

(5)质量监控体系缺失，市场监管不健全 种薯的质量是影响品种生产潜力的关键因素，种薯生产必须要有相应的检测方法、检测标准来约束和监督。虽然我国已经颁布了一系列与种薯生产有关的国家、行业标准和技术规程，但整个种薯生产未建立系统有效的质量检测和监控。因此，大多数种薯企业根据自己的技术水平和条件进行种薯质量自检，国家标准难以执行，种薯质量很难得到保证。除此以外，目前种薯市场缺乏市场监管，导致种薯经营者常常以次充好，假冒伪劣和伤农损农事件不断发生。

86. 如何提高脱毒种薯的生产效益?

脱毒种薯的生产质量、产量、生产成本直接决定其生产效益，提高脱毒种薯的生产效益应从以下三方面着手。

(1)提高种薯产量 产量是决定脱毒种薯生产效益的最直接

因素，与种薯生产的栽培水平、管理水平息息相关。从基地选择、播种、水肥管理到病虫害防治、收获等一系列栽培管理措施都应严格按照高产标准进行，但种薯生产毕竟不同于商品薯生产，在追求高产的同时必须以保证种薯的质量和种性为前提。

(2)提高种薯质量 质量是影响脱毒种薯生产效益不容忽视的因素，也是种薯生产的主要目标。因此，国家和地方都出台了相应的种薯质量控制标准。提高脱毒种薯的质量，应从基地选择、防止病毒再侵染、种薯大小、病害防治、贮藏技术等方面着手，严格按照种薯生产技术规程进行操作，保证种薯生产的质量，在提高脱毒种薯生产效益的同时，提高我国种薯在国际市场的竞争力。

(3)降低生产成本 生产成本也是影响脱毒种薯生产效益的另一个因素，在保证种薯产量、质量的同时，生产成本越低，种薯的生产效益越高。规模化、机械化操作是降低生产成本最为有效的方法，因此，加快我国脱毒种薯机械化生产进程，尽早实现种薯的规模化生产是我国马铃薯种薯生产的当务之急，也是与国际马铃薯种薯生产接轨的主要途径。

六、栽培区域与马铃薯脱毒种薯生产

1. 我国马铃薯栽培区域是怎样划分的?

中国是马铃薯种植第一大国,栽培历史已有400多年,种植范围遍及全国各个省市自治区。由于中国地域广阔,不同的区域自然环境和气候条件千差万别,在这样的情况下,各地区逐步形成了与当地自然环境和生产条件相适应的耕作模式,从而形成了各具特色的马铃薯的不同栽培区域。根据客观上已经形成的不同栽培区域,结合马铃薯的生物学特点,参照各地的地理、气候指标,将我国划分为4个马铃薯栽培区。无霜期在170天以内,年平均温度不超过10℃,最热月平均温度不超过24℃,马铃薯生产为一年一季,这一地区为北方一季作区;无霜期在300天以内,年平均温度在10℃～18℃,最热月平均温度不超过22℃～28℃,马铃薯生产一年为春秋两季,商品薯生产多为春季,种薯生产多为秋季,这一地区为中原二季作区;无霜期在300天以上,年平均温度在18℃～24℃,最热月平均温度不超过28℃以上,最冷月平均温度不超过16℃以上,马铃薯生产多在冬季进行,秋播多为商品性生产,冬播多为种薯生产,这一地区为南方二季作区;西南高原受地理条件影响,形成了立体栽培的形式,一作、二作交互存在,被称作西南混作区。

2. 北方一季作区的范围与气候特点是什么?

北方一季作区包括黑龙江、吉林二省和辽宁省除辽东半岛以外的大部分地区;内蒙古、河北北部、山西北部;宁夏、甘肃、陕西北部;青海东部和新疆天山以北地区,即从昆仑山脉由西向东,经唐古拉山脉,巴颜喀拉山脉,沿黄土高原海拔 700～800 米一线到古长城为本区南界。

本区的气候特点是:无霜期短,一般多在 110～170 天;气温相对较低,年平均温度不超过 10℃,最热月平均温度不超过 24℃,最冷月平均温度在－8℃～－28℃,≥5℃积温在 2 000℃～3 500℃;降雨量少,空气干燥,年雨量 500～1 000 毫米,分布很不均匀。东北地区的西部、内蒙古东南部及中部狭长地带,宁夏中南部、黄土高原西北部为半干旱地带,雨量少而蒸发量大,干燥度在 1.5 以上;东北中部和黄土高原东南部则为半湿润地区,干燥度多在 1～1.5 之间;黑龙江的大小兴安岭山地的干燥度只有 0.5～1.0。

3. 北方一季作区的栽培模式与特点是什么?

北方一季作区气候凉爽,日照充足,昼夜温差大,非常适合马铃薯块茎的膨大和光合产物的积累,栽培面积约占全国 50%以上,是我国马铃薯主产区。这一栽培区马铃薯生产为一年一熟,生长期多为 5～9 月,为春播秋收的夏作类型,一般 4 月下旬或 5 月初播种,9 月下旬或 10 上旬收获,气候条件适合各个熟期的马铃薯品种,栽培模式多为垄作,少量为平作。传统上多以中熟或晚熟的休眠期较长的便于长期贮藏的品种为主,近几年供应本地及外地蔬菜市场的早熟品种的种植也很普遍。这一区域马铃薯种植规模大,机械化程度高,产业处于稳定发展态势。

4. 北方一季作区脱毒种薯繁育的优势和劣势是什么?

北方一季作区是我国最重要的脱毒种薯繁育基地,这一地区最大的优势是气候和环境的优势。具体表现在4个方面:一是气候凉爽,适合各个类型马铃薯的生长;二是与其他地区相比,气候干旱,空气湿度相对较低,真菌、细菌病害发生传播不严重,马铃薯的生产管理成本低且容易掌控,种薯质量更易保证,这一点对种薯生产特别重要;三是由于该区无霜期短,有严寒的冬季,蚜虫、白粉虱等病毒病传播媒介少,非常适合马铃薯种薯的繁育,是马铃薯脱毒种薯繁育的天然基地;四是该区地势相对平坦开阔,利于机械化生产和管理,我国是马铃薯种植第一大国,马铃薯种薯的需求市场非常巨大,机械化、规模化种薯生产能更好地保障种薯生产质量,降低生产成本。

针对北方一季作区气候条件和生产特点,马铃薯脱毒种薯生产的劣势表现在3个方面:一是种植粗放,不能充分发挥优良品种的产量性状,平均单产水平低;二是单季生产,收获期较集中,收获后即进入寒冷季节,大量的马铃薯产出后寒冷的气候条件对马铃薯的贮运带来很大压力,贮运过程中损害、损失较严重;三是由于气候干旱,降雨量少,极易发生旱灾,马铃薯产量受气候影响大而不稳定。

5. 中原二季作区的范围与气候特点是什么?

中原二季作区位于北方一季作区以南,大巴山、苗岭以东,南岭、武夷山以北各省区。主要包括辽宁、河北、山西、陕西四省的南部,湖北、湖南二省的东部,河南、山东、江苏、浙江、安徽、江西等省。本区的气候特点是，无霜期较长，在180～300天；气温较高，年平均气温在10℃～18℃，最热平均温度在22℃～28℃，最冷平均气温1℃～4℃，大于5℃积温在3 500℃～6 500℃；雨水较充沛，年降雨量在500～1 750毫米之间。本地区的共同特点是夏季长，温度高，月均气温超过了24℃，有些地区降雨多，不适于马铃薯的生长，为躲过高温多雨季节，将马铃薯分为春秋两季栽培。

6. 中原二季作区的栽培模式与特点是什么？

根据中原地区气候变化规律，早春温度低，不适于露地马铃薯的生长，平原地区2月下旬以后，高山地区4月以后，气温逐渐升高并趋于稳定，适宜马铃薯萌动发芽，即可播种。平原地区4月上中旬，高山地区5月中下旬马铃薯出苗，温度继续升高，适宜马铃薯茎叶生长与茎块膨大。平原地区，6月中旬的平均气温已达到25℃，不再适应马铃薯块茎的膨大，而且多雨季节马上来临，因此，春播马铃薯要尽早收获；高山地区由于海拔不同，气温差异很大，浅山地区7月中旬收获，高山地区气温较低，早熟品种8月中旬收获，中晚熟品种9月中旬收获；作为中原二季作区秋季多为种薯生产，多采用小整薯播种，8月中下旬到9月上旬都可以播种，11月中下旬收获。中原二季作区由于气候的限制，大部分地区只适合种植休眠期较短的早熟和中早熟品种，并多采用粮、棉、菜等作物间作套种的模式，是我国马铃薯种植水平和平均单产较高的地区。

7. 中原二季作区脱毒种薯繁育的优势和劣势是什么？

与北方一季作区相比，中原地区积温高，桃蚜等传毒媒介发生频繁，马铃薯植株容易感染多种病毒，因此，进行马铃薯脱毒种薯的繁育相对困难。当地科研工作者经过多年的实践，总结制定了一套颇具特色的中原二季作区脱毒种薯春秋两季繁育技术，成功建立了繁育体系，实现了就地留种。这一繁育体系的优势表现在4个方面：一是种植精细，平均单产水平高，在产量上提高了种植效益；二是一年春秋两季栽培，可以在短时间内繁育出大量的脱毒种薯，提高了繁育效率；三是交通便利，利于种薯的外销外运，降低了贮运成本和贮运损耗；四是减少了贮运过程中病害的发生，保障了脱毒种薯的质量。

中原二季作区马铃薯种薯繁育的劣势：首先是由于气候条件的限制，可繁育的马铃薯品种较单一，只适合休眠期较短的早熟种中熟品种的繁育；其次种植面积小，繁殖量不大，只能部分满足本区马铃薯生产，还有一定量的种薯仍需要外调来补充不足；同时，由于气候高温多雨，常见病虫害较北方一季作区要严重，获得高质量脱毒种薯的防护成本较高。

8. 南方秋冬或冬春二季作区的范围与气候特点是什么？

南方二季作区位于苗岭、南岭、武夷山以南的各省、自治区，包括广西壮族自治区和广东、海南、福建、台湾等省。这一区域的气候属典型的海洋性气候，无霜期在300天以上，最高可全年无霜，年平均温度18℃～24℃，最热月平均气温28℃～32℃，最冷月平均温度12℃～16℃，大于5℃的积温6 500℃～9 000℃，年降雨量1 000～3 000毫米。这一区域除夏季以外，春、秋、冬三季都适合马铃薯的生长。

9. 南方秋冬或冬春二季作区的栽培模式与特点是什么?

南方二季作区为我国主要的水稻种植区域，生产季节主要以水稻为主，不是马铃薯主产区，马铃薯面积仅占全国马铃薯总面积的 0.8%，在栽培上与中原二季作区春秋两季栽培模式不同，是在冬闲季节和早春季节栽培两季马铃薯，因此称为南方二季栽培期。秋播生产，冬播留种，是这一地区典型的栽培模式，也有季赶季的留种方式，基本上与中原二季作区栽培模式相似，但不是春赶秋，而是秋赶冬，即秋播的薯块做冬播时的种薯，冬播的薯块做秋播的种薯。因为也是双季栽培，因此多选用早熟和部分中早熟品种播种。这一地区虽然不是马铃薯的重点产区，但因为马铃薯生育期较短，种植效益稳定，可以充分利用冬闲田生产马铃薯作为菜粮兼用，同时这一地区便于马铃薯出口，也为马铃薯产业的发展创造了空间，是近几年马铃薯发展较快的地区。

10. 南方秋冬或冬春二季作区脱毒种薯繁育的优势和劣势是什么?

尽管南方二季作区近几年冬作马铃薯发展迅速，但在脱毒种薯繁育方面与其他 3 个栽培区域相比劣势大于优势，这是因为，一方面这一区域要经历 6 个月的高温高湿环境不适合马铃薯生长的季节，而适合马铃薯的秋冬初春季节温度低，但湿度远远大于其他 3 个地区，这使得当地病虫害种类多，发生严重，实现就地留种比较困难；另一方面，受气候的影响，种植品种类型不广泛，只适合早熟或早中熟品种生长。受以上两点影响，南方二季作区的种薯基本不能自给，几乎全部需要外调，同时，对种薯质量要求苛刻，一旦种薯带有病害，种植后病害表现严重，会对生产效益带来严重损失。

这一地区马铃薯产业的优势是鲜薯生产，表现在两个方面，一是季节优势明显，特殊的气候条件，决定了南方二季作区可以实现冬播春收、夏播秋收、秋播冬收的周年生产和周年供应，满足市场需求；二是便于鲜薯出口；南方各省毗邻港澳和东南亚市场，交通便利，利于鲜薯出口创汇。

11. 西南一、二季混作区的范围与气候特点是什么？

西南一、二季混作区又称西南山区垂直分布区，以云贵高原为主，湘西、鄂西山区延伸，包括云南、贵州、四川、湖南西部山区和湖北西南、西北部山区。这一地区自然环境独特，有高原、盆地、山地、丘陵、平坝等多种地形，平均海拔在1 000米以上，由于不同海拔气候特点各异，因此，形成的独特的立体气候。总体而言，山地气候特征明显，雨水云雾多，湿度大，日照少。该地区地形复杂，海拔差距大，气候悬殊，有“十里不同天”之说，马铃薯栽培模式多样化。

12. 西南一、二季混作区的栽培模式与特点是什么？

由于西南山区的地形复杂，气候类型多，因此马铃薯的耕作模式和马铃薯栽培类型多种多样。低山平坝和峡谷地区，因有高山作屏障，冬季冷空气不易侵袭，无霜期长，达260～300天，可以满足马铃薯的二季生长的需求，因此，这一类型的地区形成了马铃薯二季作的耕作习惯，栽培品种多为休眠期短的早熟或中熟品种；半高山地区,无霜期为 230 天左右,马铃薯多与其他作物套种,栽培品种以早熟、中熟品种为主;高山地区,无霜期在 170～210 天,马铃薯只能一季生长,多种植中晚熟、休眠期长、耐贮藏的品种。由于这一地区气候凉爽,雨水充沛,土壤肥沃,适合马铃薯生长,因此,在生产上表现出高产、稳产,但低温高湿的气候特点也造成了病虫害严重的问题,对抗病性强品种的需求迫切。

13. 西南一、二季混作区脱毒种薯繁育的优势和劣势是什么?

西南一、二季混作区是我国第二大马铃薯生产区,这一区域马铃薯脱毒种薯基本实现自给自足,同时少量外调。这一地区脱毒种薯繁育的优势表现在 4 个方面:一是因为该区有大面积的山区,海拔高,气候凉爽,病毒媒介少,与中原二季作区相比,脱毒种薯繁育自然条件好,繁育成本投入少,更加适合脱毒种薯的繁育;二是这一地区降雨量较北方一季作区的西北干旱区域大,更能满足马铃薯生长的需求,马铃薯平均产量比一季作区的西北干旱地区高,种薯繁育效益较高;三是实现了就地繁育,减少了种薯长途贮运过程中的产量、质量损失;四是繁育品种范围较广,可以繁育不同熟性品种的脱毒种薯。

这一地区脱毒种薯繁育的劣势主要是:由于秦岭等山脉的屏障,阻挡了冬季北方寒潮的袭击,因而使本地区冬季温和湿润,与北方一作区相比,土壤中的病虫害更容易躲过冬天进行积累,因此这一地区马铃薯病虫害种类多,发生严重,种薯繁育防护成本高,同时所繁种薯不适合外运,以防止病虫害的跨区域传播。

七、病虫害防治与马铃薯脱毒种薯生产

1. 影响马铃薯脱毒种薯生产效益的主要病虫害有哪些？

影响脱毒种薯生产效益的病害主要分为病毒病、细菌性病害、真菌性病害和生理性病害。其中病毒病引起的种薯退化问题直接影响种薯的种性、产量和质量，是制约种薯生产效益的关键病害。真菌病害是世界上的主要病害，几乎在马铃薯所有的种植区都有发生。从我国各个种植区域的情况来看，发生普遍、分布广泛、危害严重的是真菌性病害的晚疫病和细菌类的环腐病，南方的青枯病也有日益扩大的趋势。马铃薯除感染细菌性病害、真菌性病害和病毒性病害外，还有一些非病源性的生理病害，其危害和造成的损失有时也十分严重，因此，在种植过程和贮运过程中要了解这些病害，并积极防治，以免影响马铃薯种薯的质量和种性，最终影响种薯生产效益。

2. 为什么说病毒病是制约马铃薯脱毒种薯生产效益的关键病害？

马铃薯为无性繁殖作物，作为种子的块茎一旦感染病毒，病毒就会在植株体内增殖，并通过输导组织运转、积累到新生营养器官中。采用感染病毒的马铃薯块茎作为种薯，病毒就会一代代传播下去，并逐年加重扩大危害。而块茎又不能从自身中排除病毒，因而导致种薯退化。退化后的马铃薯种薯在田间表现植株矮小、叶片皱缩,出现花叶、卷叶现象,地下块茎变小、变形,品质下降,同时产量大幅度降低。真菌类和细菌类病害都能够通过药剂进行防治,但目前在世界上还没有发现较成功的化学方法来防治病毒类病害。因此,种薯生产过程中必须严防病毒病的发生,一旦感染病毒,将失去种用价值,不能作为种薯进行销售,从而严重影响脱毒种薯的生产效益。

3. 马铃薯病毒病的主要传播媒介是什么?

马铃薯感染病毒后,病毒可通过种薯代代进行相传,通过带病毒的种薯块茎也可进行远距离传播。在田间,马铃薯病毒的传播途径主要有两条,一是非介体传播,又称接触传播、汁液摩擦传播,可通过种薯切块、病健株接触摩擦、农事劳动与植株反复接触等方式,通过病薯液、病株液传播病毒。二是介体传播,即通过昆虫传播,以蚜虫传播为主。昆虫传毒时间因病毒种类的不同而不同。非持久性传毒,病毒在昆虫体内存在时间短,传毒时间短,只有几秒到几分钟,如马铃薯 V 病毒;持久性传毒,病毒在昆虫体内时间长,可达 24～48 小时,昆虫可终身带毒,如马铃薯卷叶病毒。

4. 影响马铃薯病毒侵染和症状发生的因素有哪些?

在马铃薯生长过程中,有些因素影响马铃薯病毒侵染,病毒症状的发生、特性和严重程度。由于因素作用的强度不同,有时同一因素能决定病毒的侵染和症状,有些因素对寄主起作用,有些因素对病毒起作用,也有些因素对寄主与病毒都起作用,了解并掌握这些因素,对病毒病的鉴别与预防将有很大的帮助。

(1)寄主基因型 大部分病毒专一侵害某些属或某些种的植物，而不侵染其他属和种。一种病毒侵染同一属的不同种，其表现的症状却完全不同。最好的例子是马铃薯卷叶病毒在马铃薯普通栽培种亚种上引起典型的卷叶，而在安第斯亚种上产生褪绿矮化，类似马铃薯黄萎病毒。

(2)温度 温度对马铃薯病毒的发育和症状的影响比对真菌和细菌病原的影响更难预测。然而大多数病毒有一定的温度要求，不适宜的温度会限制病毒在植物组织内的侵染、累积和症状的产生。例如，当温度超过28℃或低于10℃时，由马铃薯X病毒引起的花叶症状常常不能被检测出来。马铃薯纺锤块茎类病毒在温度达到20℃以上时，叶片和块茎症状会更加严重。一般情况下，25℃以上高温可降低马铃薯对病毒病的抵抗能力，利于病毒的繁殖和病毒病的发生，加重植株的受害程度。因此，在凉爽地区栽培的马铃薯病毒病一般较轻。

(3)光照和湿度 不同种类的植物其感病性和症状的产生受光的影响。一般情况下，生长在强光照下的马铃薯植株比生长在弱光条件下的植株抗病能力强。与缺乏水分的植株相比，昆虫和其他病毒媒介更喜欢危害多汁的植株，因此当田间湿度大，土壤含水量高时，植株多汁脆嫩，会导致植株更易受病毒侵染。

(4)植株年龄 马铃薯植株在其整个生长周期中，对病毒的感病性是有差异的。通常幼小的或很老的植株较不易被病毒侵染，当植株越老，病毒在植株体内的运转速度越慢，这种现象称为成龄抗病性。在种薯生产中往往采用一系列栽培措施尽早促进成龄抗病性植株形成，避免植株遭受病毒的侵染，从而提高种薯的种性和产量。

5. 影响马铃薯脱毒种薯生产效益的主要病毒有哪些?

马铃薯是一种极易感染病毒的茄科类作物,目前已经报道的能够侵染马铃薯的病毒达 30 多种,类病毒 1 种,以马铃薯命名的病毒多达 15 种。其中,分布广泛、危害严重,严重影响马铃薯种薯生产效益,在马铃薯生产中主要发生的有马铃薯 Y 病毒、马铃薯卷叶病毒、马铃薯 X 病毒、马铃薯 S 病毒、马铃薯 A 病毒、马铃薯 M 病毒等,危害严重的主要类病毒有马铃薯纺锤块茎类病毒。其中,马铃薯 X 病毒、马铃薯 Y 病毒、马铃薯卷叶病毒和马铃薯纺锤块茎类病毒是国家马铃薯脱毒种苗病毒检测规程(NY/T 401—2000)中要求必须检测的 4 种病毒。

6. 马铃薯卷叶病毒病的主要症状是什么?传播途径与危害是什么?

在田间,感染马铃薯卷叶病毒的马铃薯通常具有典型而易于识别的症状:带毒植株叶片表现为挺直,病叶边缘向上翻卷,叶片黄绿色,严重时呈筒状,但不皱缩;叶质厚而脆,呈皮革状,稍有变白,有时叶背呈紫色;在一些品种上,幼叶沿边缘开始呈粉红色至微红色或银黄色卷叶症状;植株通常明显矮化、僵直,重病植株矮小,个别植株早枯;个别感病品种在块茎上出现网状坏死等;在一些品种上,症状主要出现在生长前期,后期症状可消失。

卷叶病毒可通过种薯传播,不能通过摩擦进行汁液传播,种子和花粉也不能传播,但能经蚜虫和人工嫁接接种传播。卷叶病毒可严重影响马铃薯的产量和品质,对世界各马铃薯种植区都造成严重的经济损失。我国20世纪70年代以来，随着种质资源的变化，卷叶病毒已成为生产上最主要的病原之一，发病严重时每年引起的产量损失可达30%～50%。

7. 马铃薯X病毒病的主要症状是什么？传播途径与危害是什么？

马铃薯X病毒又称为马铃薯普通花叶病。大多数马铃薯品种都感染马铃薯X病毒，但依据马铃薯X病毒株系、马铃薯品种、环境条件的不同，马铃薯X病毒在马铃薯上的症状表现也存在较大差异。感染马铃薯X病毒后的主要特征是：植株生长比较正常，叶色减退，浓淡不均，表现出明显的黄绿花斑，在阴天或迎光透视叶片时，可见黄绿相间的斑驳；大部分株系引起马铃薯轻微花叶或隐症，也可出现轻花叶、坏死性叶斑、斑驳或坏斑等症状，有时出现严重的皱缩花叶，植株矮化，植株由下而上枯死，块茎变小。

马铃薯X病毒可通过种薯进行远距离传播，但不能通过马铃薯种子和花粉传播。在田间可由根和叶片通过汁液摩擦传播，可通过人、农具、动物皮毛接触和摩擦进行传播。在贮藏期间，带病薯块上的芽与健康薯块上的芽相互接触亦可传毒。马铃薯X病毒单独侵染可降低马铃薯产量的15%左右。一般该病毒因品种、病毒株系以及环境条件的不同，症状有很大的差异，危害严重时可减产50%。在田间，马铃薯X病毒常与其他病毒混合侵染，给马铃薯的生产造成严重危害，例如，马铃薯X病毒与马铃薯Y病毒复合侵染，危害严重时产量损失高达80%以上。

8. 马铃薯 Y 病毒病的主要症状是什么？传播途径与危害是什么？

植株被马铃薯 Y 病毒侵染后，可表现出重型花叶、叶脉坏死和垂叶条斑坏死等症状。因此，马铃薯 Y 病毒引起的马铃薯病害一般又称为马铃薯重花叶病、条斑花叶病、条斑垂叶坏死病、点条斑花叶病等。随着马铃薯品种间的感病性和病毒株系间的毒力不同，马铃薯 Y 病毒的症状表现类型和严重程度会发生非常大的变化。受到 PVY^{O} 株系和 PVY^{C} 株系侵染后，马铃薯叶片出现斑驳黄化，叶片变形，出现坏死斑或卷曲，叶脉坏死，茎出现坏死条纹，可引起重花叶症状，叶片下垂，可倒挂在马铃薯植株上，茎部提早死亡。受到 PVY^{N} 侵染后，马铃薯叶片产生轻度斑驳症状，偶尔会产生叶片坏死症状。PVY^{O}、PVY^{C}、PVY^{N} 株系侵染的马铃薯块茎均会出现严重退化变小。PVY^{NTV} 株系侵染的马铃薯地上部表现与 PVY^{N} 株系相似，但 PVY^{NTV} 株系可引起马铃薯块茎坏死症状，即受害块茎表面会出现无规则的褐色坏斑，坏斑处会出现坏死并陷入块茎内，在薯块表面表皮开裂和薯肉内形成弧状坏死区。

马铃薯 Y 病毒主要通过蚜虫传播和通过汁液摩擦传播，也可通过种薯调运进行远距离传播。马铃薯 Y 病毒导致马铃薯退化，降低马铃薯产量，减产幅度可达 30%～50%，严重的减产可达到 50%～80%，特别是与其他病毒如马铃薯 X 病毒混合侵染时，会发生协作作用，造成更为严重的损失。

9. 马铃薯 S 病毒病的主要症状是什么？传播途径与危害是什么？

马铃薯 S 病毒引起的病害成为马铃薯潜隐花叶病，引起马铃薯轻度皱缩花叶或不显症。植株生长比较正常，叶片表现轻微花叶，叶色变浅，气温过高或过低则症状隐蔽，也有的品种感病后不表现症状。带有这种病毒的植株如果感染其他病毒，就会表现出明显的症状。在一些品种上，如果早期感染可产生叶脉轻微凹陷，叶片粗糙，植株生长开散，中度斑驳，老叶上出现不均匀的变黄，常变成青铜色，或在叶片上出现小坏死斑。

马铃薯S病毒可在马铃薯块茎中长期存活并通过种薯的携带做远距离传播。在田间，该病毒既可通过叶片接触传播，也可通过机械传播且传播效率极高，亦可通过昆虫传播。马铃薯S病毒单独侵染时不表现症状，一般可使马铃薯减产10%～20%。在田间马铃薯S病毒经常与其他病毒混合侵染，当与马铃薯X病毒或马铃薯M病毒混合侵染时，可减产20%～30%。

10. 马铃薯A病毒病的主要症状是什么？传播途径与危害是什么？

马铃薯A病毒，又称为马铃薯轻花叶病毒、马铃薯病毒P、茄科病毒3号。在马铃薯上引起轻花叶，在叶脉上或脉间呈现不规则的浅色斑，暗色部分比健叶颜色深，表面粗糙，叶缘可产生皱褶呈波状，有时不显示症状。在有的品种上只表现轻花叶症状或叶脉坏死症状。病株的茎枝向外弯曲，常呈开散状。

马铃薯A病毒可随种薯传播。昆虫介体传播病毒时不需要其他辅助病毒，介体带该病毒后更有利于对其他病毒的传播。一般情况下，马铃薯A病毒侵染马铃薯后可降低产量40%以上，是对马铃薯危害较重的病毒之一。在一些马铃薯品种上，马铃薯A病毒只引起轻微症状或无症状，减产不明显。当马铃薯A病毒与马铃薯X病毒或马铃薯Y病毒复合侵染时，可严重危害马铃薯生产，减产可达80%。

11. 马铃薯 M 病毒病的主要症状是什么？传播途径与危害是什么？

马铃薯 M 病毒可引起马铃薯副皱花叶病、马铃薯卷叶花叶病、马铃薯脉间花叶病。副皱花叶病又称脉间块斑花叶病，它的症状常因病毒株系、寄主品种和环境条件而异。症状表现变化较大，有轻微的明脉、顶部卷曲、叶片变形，甚至严重的茎秆和柄坏死等。

马铃薯 M 病毒可通过机械传播、嫁接传播，不能通过种子和花粉传播，可通过蚜虫等昆虫介体进行传播。马铃薯 M 病毒侵染马铃薯后一般减产 9%～49%，常因株系毒力的强弱、品种的抗病性和环境条件的不同而不同。

12. 马铃薯纺锤块茎类病毒病的主要症状是什么？传播途径与危害是什么？

马铃薯感染纺锤块茎类病毒后可因品系、品种、环境的不同而产生程度不同的症状。患病植株矮小，分枝减少，植株生长习惯发生改变，当从上部观察植株时，叶片垂直排列。顶叶卷曲变小，有时顶部叶片呈紫色。块茎变小，由圆变长，变形为梭状和哑铃状，与健康块茎相比较，感病块茎的芽眼变浅，芽眉突出，块茎表皮有纵裂口，上述感病症状的严重程度随感病代数的增加而增加。

马铃薯纺锤块茎类病毒具有广泛的传播途径，昆虫、实生种子和汁液摩擦都能传播，是唯一不能通过茎尖组织培养淘汰而必须通过严格检测淘汰的病源。马铃薯纺锤块茎类病毒是危害马铃薯产量和品质的主要病害，是马铃薯种薯检疫规程中的主要检疫对象，在我国西南地区发生比较普遍，严重影响了当地农民的种植效益。

13. 晚疫病对马铃薯脱毒种薯生产有什么影响？如何防治？

晚疫病是发生最普遍和最严重的马铃薯真菌病害，它的威胁性很大，既能造成茎叶的枯斑和枯死，又能引起田间和贮藏期间块茎腐烂，一旦发生并蔓延，会造成非常严重的损失。

(1)症状 马铃薯的根、茎、花、果、匍匐茎和块茎都可发生晚疫病，最直观最容易判断的症状是叶片和块茎上的病斑。叶上多从叶尖或叶的边缘开始，先发生不规则的小斑点，随着病情的严重，病斑不断扩大合并，感病的品种叶面全部或大部分被病斑覆盖。湿度大时，叶片呈水浸状软化腐败，蔓延极快，在感病的叶片背面会有白色霉层，干燥时叶片会变干枯，质脆易裂，没有白霉。茎和叶柄感病时呈纵向褐色条斑，发病严重时，干旱条件下，整株枯干，湿润条件下，整株腐败变黑。块茎感病时形成大小不一、形状不规则的微凹陷的褐斑。病斑的切面可以看到皮下呈红褐色。

(2)发生条件和传播途径 晚疫病最易发生的温度条件是10℃～25℃，同时湿度较大，如田间有较大的露水，或连续降雨等。田间植株发生病害后，在合适温、湿度条件下，叶片上形成大量的孢子囊和游动孢子，通过风吹或雨水的冲刷，将病菌孢子带入土壤感染块茎，或随风感染其他叶片。病菌以菌丝体的形式在块茎中越冬，播种出苗后成为中心病株，温、湿度适宜时，借助气流传播到周围的植株，迅速蔓延。带病的种薯是马铃薯晚疫病来年发生的主要病源。

(3)防治措施 马铃薯晚疫病蔓延速度非常快，一旦发生并开始蔓延，就很难控制，因此要从多个方面来防止发生与蔓延。

首先，要选用抗病品种；其次各栽培区域可根据当地栽培形式，适当调整播期以避开晚疫病发生期，如北方一季作区适当早播，并选用早熟品种，在8月晚疫病流行前形成产量，可避免一定的损失；同时，栽培时可加厚培土层，以降低薯块感染晚疫病菌的比例。

晚疫病只能预防不能治疗，最重要的防治措施是药剂的定期喷施。晚疫病病害的发生与蔓延是有条件的，因此，各栽培区要根据当地晚疫病发生和蔓延的情况，总结经验教训，制定有效的防治计划，在晚疫病流行前进行药剂防治。一般日平均气温在10℃～25℃，空气相对湿度超过90%，并持续8小时以上，这种情况出现4～5天，就要及时进行药剂防治。田间发现发病中心病株和发病中心后，应立即割去病秧，用袋子把病秧带出大田深埋，中心病株周围应及时用药剂防治。

药剂防治可用70%代森锰锌可湿性粉剂，每667米^{2}用量为175～225克，兑水后进行喷施。当在田间发现有病株出现，应选用58%甲霜·锰锌800～1 000倍液进行叶面喷施，可视发病情况连续防治2～3次，每次间隔7～10天。其他防治晚疫病的药剂有霜脲·锰锌、恶霜灵、烯酰吗啉等可湿性粉剂。

14. 早疫病对马铃薯脱毒种薯生产有什么影响？如何防治？

早疫病是马铃薯最普遍、最常见的真菌病害之一，也称夏疫病、轮纹病。在马铃薯各个栽培区都有发生，华中、华南和东北地区较严重。早疫病对马铃薯最大的危害是茎叶受害干枯，严重者整株死亡，从而降低产量。早疫病还会使马铃薯块茎发生枯斑，有时还会导致块茎腐烂，降低种薯的种用价值。

(1)症 状 早疫病危害马铃薯的叶片和块茎，叶片发生病害较常见一些。最初在叶片上出现小的褐色斑点，逐渐扩大成同心轮纹，近于圆形。发病严重的叶片病斑连成一片，叶子干枯，其上产生黑色茸毛状霉层。一般植株下部叶片常常首先发病枯萎,逐渐向上蔓延。块茎受害后薯皮上出现暗褐色微陷的圆形或不规则形状的病斑,边缘清晰并稍微隆起。病斑下面的薯肉呈现褐色干腐。

(2)发生条件和传播途径 早疫病的发生和气候条件不很密切,凡是种植马铃薯的地区,不论北方一季作区还是中原二季作区,年年都有发生,没有特定明显的气候条件。但早疫病的最初侵染,常常与马铃薯块茎的膨大同时发生,凡是不利于生长的气候条件和土壤条件都是诱发早疫病发生的有利因素。早疫病的病菌孢子借助气流和风力传播,当马铃薯收获后,病菌在病株残体上或患病块茎上越冬,第二年出苗后传播。

(3)防治措施 早疫病的发生和植株生长状况有关,在生长季节充分提供植株健康生长的条件,尤其是浇水和施肥,如增施磷、钾肥提高植株抵抗能力。一般晚熟品种较抗早疫病。当发病严重,病株率达5%时,可选用50%或70%甲基硫菌灵可湿性粉剂700倍液,或50%苯菌灵可湿性粉剂1 000倍液,或50%多菌灵可湿性粉剂500倍液,或70%代森锰锌可湿性粉剂400～500倍液,或80%代森锰锌可湿性粉剂600～800倍液喷施,每隔7～10天喷施1次,共喷2～3次。块茎发生早疫病腐烂时,可用0.3%克菌丹悬浮液喷施,防治腐烂效果明显。

15. 疮痂病的症状是什么?为什么基质栽培中疮痂病发病率比较高?

马铃薯疮痂病是分布很广的真菌性病害,尤其在碱性土壤里,发病更多。除危害马铃薯外,还危害甜菜、萝卜等作物。疮痂病的症状只表现在块茎上,发病初期可见块茎上先发生褐色小斑点,以后逐渐变大,中央凹陷,边缘突起,表面变粗,质地木栓化。病斑上往往出现白色或灰色的粉末,尤其在刚收获时最为明显。疮痂病发病严重时,块茎表面出现大面积的病斑,甚至破坏芽眼组织,导致种薯发芽少或者不发芽,降低了种薯的种用价值。

温度、土壤湿度和酸碱度是影响疮痂病发生最重要的环境条件。一般认为,在干燥的条件下疮痂病最严重,但研究发现,在砾质土壤中长期潮湿反使疮痂病加重。基质栽培生产微型薯通常采用蛭石作为生产基质,基质反复使用后颗粒变细,透气性和透水性变差,因此疮痂病发病率就相对较高。同时,基质栽培生产微型薯需要长期浇施营养液,使得基质碱性越来越大,而土壤的酸碱度是病菌发生侵染的重要条件之一,在中性或微碱性的沙质土壤中,疮痂病发病率最为频繁。以上各因素的综合叠加,使得基质栽培微型薯生产中疮痂病发生频繁,尤其是当基质连续多次使用后,疮痂病危害更为严重。

16. 怎样降低微型薯生产中疮痂病的发病率?

为了降低微型薯生产中疮痂病的发病率,往往要从基质、种薯、药剂防治等多方面着手,采取综合防治措施才能达到应有的效果。降低疮痂病发病率的具体技术措施如下。

(1)基质消毒处理 微型薯生产通常采用蛭石作为生产基质,由于不能轮作,积累的病菌只能通过基质消毒加以清除。通常采用高温并配合使用高锰酸钾、甲醛消毒效果比较明显。

(2)基质酸碱度调整 基质酸碱度过高也是诱发疮痂病的主要因素,通过施用硫黄粉、偏酸性的泥炭土等可调节基质的酸度,降低发病率。同时,在马铃薯生长过程中尽量使用酸性肥料配制营养液,避免施入石灰或草木灰等也可以在一定程度上减产疮痂病的发生。

(3)定期更换基质 基质使用一段时间之后,各种病菌、马铃薯根系分泌物和烂根、枝叶等大量积累,以及基质的物理性状变差，颗粒变小，表层板结造成基质的通气性下降、保水性过高等不利因素，影响马铃薯的生长，疮痂病发病频率也大大增加。因此，在微型薯生产中如果条件允许，蛭石使用1～2季后应进行更换，可以大大降低疮痂病的发病率。

(4)种薯处理 在微型薯生产过程中应尽量使用无病种薯，或实行种薯消毒处理。可用0.2％甲醛溶液在播种前浸种2小时，或用对苯二酚100克，加水100升配成0.1％的溶液，于播种前浸种30分钟，尔后取出晾干播种。也可用0.1％的氯化汞溶液浸种8～10分钟，之后用清水冲洗后播种。卞春松等(2004)在基质生产马铃薯微型薯中试验了棉隆疮痂病的防治效果。结果显示，基质中每平方米施用30克的棉隆可使疮痂病的感病率下降20.6％。

(5)加强栽培管理 据调查疮痂病发生在结薯前期，病原菌由基质侵入正开始发育的块茎皮孔，使块茎表面产生许多疮痂，并随块茎的膨大而不断扩大。在块茎开始长成和膨大阶段维持较高的土壤湿度，避免土壤忽干忽湿，确保马铃薯有较好的生长势，可以显著减少疮痂病的发病率。通过控制植株高度和密度，改善通透性，也可降低感病程度。在微型薯大小达到要求标准时应及时收获，可避免病斑的进一步扩大，减少疮痂病的感染面积。

17. 粉痂病和癌肿病的症状是什么？如何防治？

(1)粉痂病 粉痂病是发生于马铃薯块茎的一个重要的真菌性病害。受侵害的块茎表皮破裂，坑洼不平，在贮藏期间还会皱缩、凹陷，有时因其他杂菌侵染而出现干腐。粉痂病可造成马铃薯种薯减产，种薯的种用价值下降，因此，在栽培过程中要及早防治。马铃薯粉痂病在地上部不表现症状，只发生在地下部位，初期症状表现为在块茎表面出现针头大小、色淡的水泡状突起，后期这些突起逐渐扩大为黑褐色的疮痂，病斑周围有半透明、边缘清晰、宽1～2毫米的环，表皮不破裂。由于疮痂继续生长的结果，最后表皮破裂，散发出褐色粉状孢子群落，皮下组织成橘红色，病斑凹陷，露出空洞，形成粉痂状。根、匍匐茎和茎的地下部位形成大小不等、形状不同的根瘿或肿瘤，初期为白色，后变黑色，有时开裂产生裂痕。

防治方法：严格检疫制度，禁止疫区种薯外调，防止病害扩大蔓延；在疫区筛选抗病性较强的品种，用于生产；实行轮作；在病害发生地区，实行马铃薯与谷类或豆类作物5年以上的轮作，以降低粉痂病的传播。

(2)癌肿病 癌肿病广泛分布在凉爽多雨的温带地区和高海拔的热带地区，如我国的云南、贵州、四川三省的某些地区。癌肿病的发生常常伴随着粉痂病同时发生。癌肿病造成马铃薯块茎上产生很多粗糙的球状体，从而失去种用价值。马铃薯癌肿病典型症状是在马铃薯的茎、顶部和块茎上产生大小不等的肿瘤，大的可以达到几厘米，一般出现在地下，但在潮湿的条件下，也可能在茎和叶片上出现。开始时，肿瘤的颜色是白色和粉色的，甚至与正常的组织颜色相同。随着生长的推进，肿瘤变黑并可能腐烂。地上部分的肿瘤可能因为不同品种呈现不同颜色，如红色、紫色或绿色。

防治措施：选用抗癌肿病的品种，并结合长期轮作（5年或更长），可以有效地防治癌肿病；封锁感病地区，禁止从感病地区调运种薯是控制癌肿病蔓延的重要途径；目前，还没有发现有效防治癌肿病的化学药剂。

18. 茎溃疡和黑痣病的症状是什么？如何防治？

茎溃疡和黑痣病几乎在所有土壤中都有，寄主非常广泛，并能在较大温度范围内生长。当外界条件不适宜马铃薯块茎快速出苗时，如低温和土壤过湿，它会对幼芽产生极大的危害。茎溃疡和黑痣病导致马铃薯产量和品质下降，并且影响块茎外观。病菌侵染幼芽顶部，导致晚出苗或不出苗。病菌也可感染茎的顶部、地表处或近地表处的地下茎，形成大小和形状有所不同轻微下陷的褐色溃疡。溃疡环绕在茎的顶部可能导致不结薯，并形成气生块茎，植株逐渐枯萎和死亡。溃疡病菌可在块茎表面形成像黑痣一样的各种大小和形状不规则、坚硬、深褐色菌核（真菌休眠体）。

防治措施：因为菌核能长期在土壤中存活，只有长时间的与谷物类或牧草轮作，才能降低该病害的发生；浅种发芽很好的块茎，减少幼芽在土壤中的时间也可减轻危害；通过施用土壤杀菌剂，如将五氯硝基苯混合在种植带上，可降低该病害的发生；当土壤感染不严重时，对种薯处理可以有效地降低种薯传染；用木霉和双核丝核菌作为生物防治可减轻此病害。

19. 萎蔫病和干腐病的症状是什么？如何防治？

马铃薯萎蔫病和干腐病主要是土壤中或植株残体上的真菌（一般为镰刀菌）侵染马铃薯的根系，扩展到植株，使植株发生萎蔫，进而传到新生块茎中，使块茎产生不同程度的干腐病，从而使块茎失去种用价值。此病在低温潮湿的土壤中易发生，导致地下茎腐烂，植株萎蔫、枯死；在高温、干燥的环境条件下，植株萎蔫病发展较慢，表现为茎的维管束和新生块茎变色，除了植株顶部有少数绿色叶片外，其他叶片全部黄化。感病块茎在贮藏期间极易产生干腐病，干腐病是最为严重的贮藏病害。病薯开始出现清晰可见的黑色、稍凹陷的皱缩病斑，并向块茎内部发展，严重时产生腐烂，形成空洞，洞壁常呈现粉色或蓝色，边界非常清晰。病斑也可逐渐扩大到块茎整个表面，在块茎的表面出现同心轮纹。病薯干枯时变硬，在潮湿条件下再次腐烂，后期的病薯表面有时出现白色菌丝。

防治措施：选用抗病品种；药剂处理种薯可有效防止种薯感染和病害传播，切块的种薯可用10%百菌清粉剂拌种；污染的土壤可与禾本科作物进行3～4年轮作，不要与草莓、番茄、辣椒、茄子轮作；不用发生过萎蔫病的地块生产种薯；在收获和分选时，淘汰感病块茎，田间不要遗留病薯。

20. 黑胫病的症状是什么？如何防治？

黑胫病是分布较广、危害较大的马铃薯细菌性病害，在各栽培区域都有发生，有的年份发生严重，在贮藏期可引起块茎腐烂，严重的会造成烂窖，是对马铃薯种薯有较大威胁的病害。

(1)症状 黑胫病在植株上的典型症状是茎的基部呈墨黑色腐烂。病害一般从块茎开始，由匍匐茎传至茎基部，继而发展到茎上部，植株出现矮化、僵直，叶片变黄，小叶边缘向上卷。后期茎基部发生墨黑色腐烂，植株萎蔫，最终倒伏，死亡。块茎发病一般从匍匐茎的脐部开始，初期脐部略微变色，随后病部逐渐扩大变黑褐色，腐烂呈心腐状，最后整个薯块腐烂，有恶臭味。

(2)发生条件和传播途径 凉爽和潮湿是黑胫病发生的适宜环境条件，同时金针虫、蛴螬等地下害虫的危害有利于该病的发生和加重。黑胫病的主要传播途径是种薯和土壤。

(3)防治措施　一是建立无病种薯繁育体系，切断种薯传染源；二是精选无病种薯，淘汰带病种薯；三是采用小整薯播种，避免切刀传染；四是注重合理轮作；五是尽量选用抗病品种。

21. 青枯病、软腐病和环腐病的症状是什么？如何防治？

(1)青枯病　青枯病是一种世界性病害，在我国长江流域及其以南的西南一、二季混作区和南方二季作区发生比较严重，在中原二季作区和北方一季作区也有发生，是对马铃薯危害严重的细菌病害之一，又称褐腐病、洋芋瘟。此病严重时全田植株枯死，产量为零或大幅度下降，带病块茎品质下降，不能作为种薯。青枯病大田中典型症状是叶片、分枝或植株出现急性萎蔫的情况，甚至植株仍是青绿色就枯死。有时同一丛马铃薯，一株枯死，而另一株却还能健康生长；在病情发展缓慢的情况下，会出现叶片变黄、干枯和植株矮化的症状。发病植株茎基部横切面的维管束变黄变褐，有乳白色黏稠物流出。感病块茎的芽眼变褐色或浅褐色，严重的表现为环状腐烂，块茎的横切面会流出白色菌脓。

防治措施：精选无病种薯；实行马铃薯与非寄主作物的轮作；采用小整薯播种；调整播种期避开高温多雨的发病高峰期；不用带病肥料，注意排水，防止灌溉水污染和农机具的污染等。

(2)软腐病　软腐病又称腐烂病，在各个栽培区都有发生，主要发生在贮藏期和收获后的运输过程中。在收获期间遇到阴雨潮湿天气或粗放操作，存放时不注意通风透气，散湿散热，可引起大量腐烂，造成重大损失。块茎感病后病斑呈不规则凹陷，淡褐色或褐色，一般为圆形水浸状，在潮湿温暖的条件下，病斑可以扩大变湿变软，髓部组织呈灰色或浅黄色腐烂。植株感病后，一般是叶片、叶柄甚至茎部出现组织变软和腐烂的症状。

防治措施:合理调茬轮作;采用小整薯播种,避免切刀传染;播种前晾晒种薯,淘汰病薯;适时安全收获、贮藏,收获时避开高温潮湿的天气,收获前7～10天停止浇水,收获运输过程中注意避免机械损伤,贮藏期间注意通风透气。

(3)环腐病 马铃薯环腐病分布较广泛,是世界性细菌病害,在我国各个栽培区域都有发生。此病普遍发生时,病株率一般为20%,严重时减产达60%以上,在贮藏期可继续危害,引起块茎腐烂,是影响马铃薯种薯的重要病害之一。症状往往在中后期发生并出现萎蔫,底部的叶片变得松弛,主脉之间出现淡黄色,可能出现叶缘向上卷曲,并随即死亡,茎和块茎横切面出现棕色维管束,一旦挤压可能会有细菌性脓液渗出,块茎维管束大部分腐烂并变成红色、黄色、黑色或红棕色,严重的会出现环状变色,特别严重时,块茎可形成空腔。

防治措施:尽量选用抗病品种;建立无病种薯繁育体系,切断种薯传染源;采用小整薯播种,避免切刀传染;注意盛装容器的清洗和消毒。

22. 低温冷害对种薯生产有什么影响?如何预防低温冷害?

低温对马铃薯的幼苗、成株和贮藏中的块茎都能造成不同程度的危害。尤其是北方一季作区,低温冷害常有发生;中原二季作区的春马铃薯,幼苗期也常受到晚霜的侵袭。受冻害的叶片变褐,当潮湿时变黑,尽管产量可能下降,但植株通常能从早期伤害中恢复过来,未受冻的茎节上再发出新的枝条。受冻害较轻的叶片形态可能会变得卷曲,有黄色的斑块或局部病斑,或者含有一些小空洞。贮藏中的块茎,长期处于0℃左右的低温下,淀粉大量转化成糖分,影响种薯质量。急剧的降温达到0℃以下,会使块茎的维管束环变褐或薯肉变黑，严重时造成薯肉脱水、萎缩。受冻的块茎在解冻时软化成海绵状，有水液从受伤处和芽眼处渗出。横切块茎变成粉红色，然后转变成黑色，并腐烂。受冻害的块茎在温度变暖时通常会发生软腐。受低温伤害的块茎不能作为种薯。

预防低温冷害对马铃薯种薯生产的伤害，应根据各地自然条件，选择适宜的马铃薯品种，调节好播种期，躲过早霜或晚霜的危害。对秋季的初霜期，可根据天气预报，采取田间灌溉、熏烟防霜等方法，以减轻或防止早霜的危害。对窖藏的块茎，应严格控制贮藏温度，贮藏温度应保持在 2℃～4℃，预防低温对种薯的伤害。

23. 马铃薯脱毒种薯生产中常见的生理性病害有哪些？如何防治？

(1)高温伤害 高温伤害主要发生在北方一季作区，在生育期间有时气温高达 30℃以上，有时高温与干燥同时出现，由于叶片失水，造成小叶尖端和叶缘褪绿，最后叶尖变成黑褐色而枯死，这种现象俗称“日烧”。枯死部分叶片向上卷曲。防止高温危害的有效方法是在盛夏高温干燥天气来临之前，进行田间灌溉，同时可以增施有机肥料，增强土壤保水能力。

(2)缺氧 缺氧是针对块茎发生的一种伤害，块茎对氧的需要在 0℃时很高，在 5℃时很低，从 5℃～16℃需氧量逐渐增加，在 25℃以上时需氧量非常高。因此，在田间或贮藏期间温度过高或过低时块茎中央会发生缺氧，缺氧可以造成块茎黑心，最后腐烂；还可以造成块茎内部灼烧坏死，受害组织变成铁锈色，失去种用价值。防止缺氧伤害应在马铃薯死秧后应立即收获。块茎贮藏期间温度不应低于 2℃～4℃，并改善贮藏时的通风条件。

(3)非病毒性卷叶 马铃薯叶片卷曲有多种原因，不一定全部为病毒引起，养分不足，光照过度，生理异常、长白昼影响等都会引起马铃薯田间出现卷叶现象。卷叶也可能是品种特性，同时蚜虫危害严重时，顶部叶片也会出现卷叶症状。非病毒性卷叶不具有侵染性，而且发生卷叶的植株产量并不受太大影响。因此，正确判断卷叶的原因在种薯生产中特别重要。

24. 蚜虫危害的特点是什么？如何防治？

危害马铃薯的蚜虫种类很多，尤以桃蚜、萝卜蚜和甘蓝蚜最为普遍。蚜虫主要以刺吸式口器吸食叶片内养分。蚜虫危害马铃薯时，以极大的繁殖力迅速布满叶片，使叶片严重失水和营养不良。造成叶片卷皱发黄，不但影响产量，而且传播病毒。蚜虫传播的病毒种类很多，传播方式分两种，即非持久性病毒和持久性病毒。马铃薯卷叶病毒是持久性病毒，马铃薯A病毒、马铃薯Y病毒等病毒为非持久性病毒。桃蚜是传播各种病毒的主要蚜虫，持久性病毒只能由桃蚜等少数取食马铃薯的蚜虫来传毒，而非持久性病毒则由多种蚜虫传毒。

蚜虫的危害既造成田间的直接损失又传播病毒造成更大的间接损失。对蚜虫的防治应采取综合措施。

(1)利用自然条件 繁殖种薯要选择凉爽地区。在凉爽条件下，蚜虫繁殖、取食、迁区、传播病毒的能力都大大下降，有利于保持马铃薯种性。此外，二级以上风速下蚜虫很少起飞和传毒。因为蚜虫降落时是逆风飞翔，风速大难以沉降下来，所以风速大、风多的地区，有阻止蚜虫起飞和降落的作用，可大大减少蚜虫对马铃薯的危害。护田林旁、房屋墙边、高秆作物旁等背风处，风速减弱，有翅蚜易降落，这样的地块不适合于繁殖种薯。在湿度高的小生态环境下，蚜虫由于受病原微生物的侵染，发生的数量大大减少。因此，利用凉爽、多风、多湿的自然条件，可以减少蚜虫对马铃薯的危害，特别是对繁殖种薯有利。

(2)利用天然隔离条件 据研究，有翅桃蚜的飞翔在100米之内，因此像海岛、草原、森林、高山、沙漠等地都有较好的隔离条件。

(3)利用栽培方法避蚜 春季的迁移桃蚜发生于桃树，一般不带病毒。夏季的迁移蚜（也叫迁移侨蚜），大都发生于茄科和十字花科等第二寄主上，很多都持有病毒，而夏季有翅侨蚜的发生高峰期，大都与马铃薯花期相遇，常将多种病毒传染给健康植株。秋季传毒的蚜虫为数很少。因此，在栽培上可以采取早春播种（早春利用阳畦或塑料大棚）、在蚜虫发生高峰即将到来时提前灭秧的方式避开蚜虫危害。特别是繁殖种薯，更应采取以上方式。此外，利用荞麦、小麦、谷子、玉米、大蒜等作物与马铃薯间作或套作，也可大大减轻蚜虫的传毒危害。因为间套作可以丰富农田植物群落和动物群落，改善天敌的生活和繁殖条件，容易形成天敌控制害虫的环境。另外，可以减少不同类型的蚜虫迁移，阻挡无翅蚜的爬迁传毒。同时，蚜虫对多种作物的尝食，也可使其喙针顶端所带的病毒减少或钝化。

(4)化学防治 传播病毒的蚜虫主要为有翅桃蚜，化学防治对此类蚜虫应重点防治。此外，无翅蚜由于其爬迁距离不足2米，化学防治可用10%吡虫啉4 000～6 000倍液，或5%吡虫啉乳油2 000～3 000倍液，或50%抗蚜威可湿性粉剂2 000～3 000倍液喷施，也可用2.5%溴氰菊酯乳油或20%氰戊菊酯乳油3 000～4 000倍液喷施。为防止蚜虫产生抗药性，上述各类药剂可交替使用。总之，无论使用何种药剂，都应本着提早防治的原则。

25. 茶黄螨危害的特点是什么？如何防治？

茶黄螨的个体很小，肉眼难以观察到，常被误认为是生理性病害或病毒病。茶黄螨主要危害马铃薯的嫩茎叶，特别是中原二季作区发生较严重，发生严重时马铃薯叶片呈油褐色枯死，造成严重减产。成螨和幼螨集中在幼嫩的茎和叶片的背面刺吸液汁,使叶片畸形。受害叶片背面呈黄褐色,有油质状光泽,叶片向叶背面卷曲。嫩叶受害后叶片变小变窄,呈暗绿色,嫩茎变成黄褐色,扭曲畸形。

防治措施:一是农业防治,许多杂草是茶黄螨的寄主,应及时清理田间、地边、地头杂草,消灭寄主植物,杜绝虫源,马铃薯种植地块尽量不要与菜豆、辣椒、茄子等作物相邻,以免传播;二是药剂防治,可选用杀螨药剂如炔螨特等进行叶面喷施,茶黄螨生活周期短,繁殖能力强,应特别注意早期防治。

26. 地老虎危害的特点是什么?如何防治?

地老虎又叫截虫、土蚕,种类很多,危害马铃薯的主要是小地老虎、黄地老虎和大地老虎,分布全国各地,以幼虫在夜间活动危害马铃薯的茎叶和块茎。三龄前幼虫危害茎叶,三龄后入土危害根茎,严重时,咬断叶柄、枝条和主茎,造成缺株断垄;结薯期开始危害块茎,将块茎咬食成大小、深浅不等的虫孔,使马铃薯产量下降,种用价值降低。

防治措施:一是清除杂草,减少地老虎雌蛾产卵的场所,减轻幼虫的危害;二是灯光诱杀,利用成虫的趋光性,在田间安装黑光灯诱杀成虫;三是糖醋液诱杀;取红糖 6 份,白酒 1 份,醋 3 份,水 10 份,90%敌百虫 1 份,调配均匀,放入盆中夜晚分放至田间,每隔 2～3 天补充 1 次诱液;四是毒饵诱杀,将炒黄的麦麸(或豆饼、玉米碎粒等)与 2%敌百虫溶液充分搅拌均匀,傍晚分撒在田间,拌毒饵也可选择其他杀虫剂,麦麸也可以用切碎的青菜或灰灰菜代替;五是药剂防治,三龄前幼虫可选用杀虫剂地上喷施防治。三龄后地老虎入土以后,可将杀虫剂顺水冲入土壤,进行防治。

27. 蝼蛄危害的特点是什么？如何防治？

蝼蛄又叫拉拉蛄、土狗子，对马铃薯危害比较普遍的蝼蛄有非洲蝼蛄和华北蝼蛄，在盐碱地和沙壤地出现较多。蝼蛄一般在春季地温回升后开始活动，昼伏夜出，在土壤表层潜行，咬食马铃薯幼根和嫩茎造成幼苗枯死，缺棵断垄，产量下降。蝼蛄在温度高，湿度大，闷热的夜晚大量出土活动。蝼蛄有趋光性，并对香甜物质和马粪等有机肥具有强烈的趋性，喜欢潮湿的土壤。

防治措施：一是毒饵诱杀，方法参见地老虎的防治；二是黑光灯诱杀，晚上7～10时在没有作物的空地进行，在天气闷热的雨前防治效果较好；三是马粪诱杀，在危害的地块边上堆积新鲜的马粪，集中诱杀。

28. 块茎蛾危害的特点是什么？如何防治？

块茎蛾是毁灭性害虫，主要分布在长江以南各省和河南、甘肃、陕西等地。幼虫危害马铃薯的叶片，多沿叶脉蛀入，吃食叶肉，仅留上下表皮，使叶片呈半透明状，形状不规则，粪便排于隧道的一边，因此又称绣花虫、串皮虫等。幼虫在田间也危害块茎，使块茎形成弯曲的孔道，贮藏期间危害加重，严重影响马铃薯的产量和品质。

防治措施：一是加强检疫，块茎蛾是检疫对象，应加强检疫，避免从发生地区调种而引起的虫害扩大；二是及时培土。在田间切勿使块茎露出地面，以免成虫将卵产于块茎上；三是马铃薯收获后应及时运回，不能在田间过夜，防止成虫在夜间和清晨活动产卵，造成大量块茎受害；四是在块茎入库后，及时用杀虫剂喷洒薯堆；五是药剂防治，在成虫盛发期，可喷施10％氯氰菊酯乳油2 000倍液进行防治。

29. 潜叶蝇危害的特点是什么？如何防治？

潜叶蝇能危害多种作物，特别是在过度使用杀虫剂使潜叶蝇的天敌遭到毁灭的地区受害更为严重，潜叶蝇体形较小，主要是幼虫危害马铃薯叶片，在叶片内钻出很多可见的虫道，破坏大量叶片，严重者导致植株死亡，造成大幅度减产。

防治措施：一是保护利用天敌，潜叶蝇有较多的自然天敌，应保护天敌；二是诱杀，成虫可以用黏性的黄色诱捕物诱捕，必须在植株开花前进行；三是药剂防治，用20%斑潜净微乳剂1000～2000倍液喷施，每667米^{2}用25～60克。施药时间最好在清晨或傍晚，忌在晴天中午施药，施药间隔5～7天，连续用药3～5次，即可消除潜叶蝇的危害。

30. 蛴螬危害的特点是什么？如何防治？

蛴螬是大黑金龟子的幼虫，又名蛭虫，在地下活动，咬食马铃薯幼嫩的根、茎和块茎，使块茎失去商品价值。当10厘米地温在13℃～18℃时活动最盛，危害也重。土壤湿度大，阴雨连绵的天气危害严重，对未腐熟的有机肥有强烈的趋性。

防治措施：一是有机肥在施用前要充分腐熟，以杀死幼虫和虫卵，减轻危害；二是合理施用化肥可以起到一定的防治效果，碳酸氢铵、腐殖酸铵、氨水、氨化磷酸钙等化肥散发出的氨气对蛴螬有一定的驱避作用；三是药剂防治，合理选择杀虫剂进行灌杀，同时应注意药剂对马铃薯安全生产和商品价值的影响。

31. 微型薯基质栽培生产中病虫害发生和传播的特点是什么？主要防控的病虫害有哪些？

微型薯通常在温室或网棚内采用无土栽培的形式进行生产。由于温室或网棚的特殊环境和无土栽培的特点，形成了特殊的生态体系，病虫害的发生与常规露地生产有明显的变化。首先，温室或网棚温度高、湿度大，高温、高湿有利于病害的发生与传播，病害发生相对较早而且传播速度快。其次，由于采用无土栽培，基质消毒处理相对困难，因此，连作病害发生严重，如疮痂病一直是困扰微型薯生产的主要病害之一。另外，微型薯生产为了减少蚜虫危害，一般采取严格的隔离措施，因此，微型薯生产中虫害危害相对较少，尤其是采用无土栽培的形式进行生产，避免了地下害虫的危害。根据微型薯生产中病虫害发生和传播的特点、对微型薯种性的要求等，微型薯基质栽培生产中主要防控的病害有病毒病、疫病、疮痂病等，主要防控的虫害有蚜虫、白粉虱以及茶黄螨等。

32. 预防微型薯基质栽培病虫害发生和传播的技术措施有哪些？

预防基质栽培病虫害发生和传播的技术措施介绍如下。

(1)温室消毒 生产微型薯的温室要求建在远离菜区的地方，这样可远离病原，减少发病。微型薯生产多采取周年生产，因此，在脱毒苗定植前要对温室进行全面消毒，采用硫黄熏蒸的方法并结合高温闷棚等杀死棚内残存的病菌，减少病原，预防微型薯生产中病害的发生。

(2)基质消毒 生产微型薯的基质如果连续使用，理化性质变差，而且病害往往发生严重，因此基质一般要求每茬更换一次。微型薯生产规模小、基质数量较少时，将基质进行消毒处理后使用，也可在一定程度上预防病虫害的发生和传播。

(3)控制温室的湿度 除白粉病外，其他病害一般都是在湿度大的环境下发生，因此，控制温室湿度也是预防病害发生的主要措施之一。根据季节不同、温室的湿度情况，适当增加通风量，尤其是在浇水、浇营养液、施药后，更应增加通风量，保证基质湿度的同时，降低空气湿度，预防各种病害的发生和传播。

(4)撒施杀菌剂、杀虫剂 基质栽培生产微型薯，基质中往往会残存一些病菌、虫卵等，在扦插前，在基质中拌入一定比例的杀菌剂、杀虫剂对病虫害可起到很好的预防作用。微型薯生产一般扦插密度较高，药剂喷施时药剂不能喷洒到每片叶片上，而且喷施药剂还增加了空气湿度，起不到很好的防治效果。研究发现，将药剂拌入蛭石中，在清晨露水未干时均匀撒到叶片上，不仅药效期长，而且蛭石还能吸收水滴，起到降湿作用。

(5)做好隔离防护措施 微型薯生产时温室虽然采取了很好的隔离防护措施，但由于各种原因，仍可能有少量蚜虫和其他虫害侵入，要严格及时进行虫害防治。网棚内要设置黄板对蚜虫等进行诱杀，生产过程中要每隔一定时间喷药防治虫害。随时注意检查温室网纱是否有破损之处，及时堵住漏洞，防止各种虫害侵入对马铃薯造成危害。

33. 喷雾栽培预防微型薯病害发生和传播的技术措施有哪些？

(1)温室和喷雾设施清洗、消毒 微型薯喷雾栽培所需温室的选择和消毒方法与基质栽培相同，在进行温室消毒的同时，还要对喷雾栽培的设施包括贮液池、槽体、管道、定植板等进行彻底的清洗和消毒，以防残存的病原菌对植株造成危害。

(2)营养液中添加杀菌剂 试验证明,在营养液中添加一定浓度的杀菌剂,如百菌清、甲霜灵等,杀菌剂随着营养液的循环流动供给每棵植株,可以有效控制各种细菌、真菌病害的发生和蔓延。

(3)及时打杈、整根 马铃薯喷雾栽培由于营养充足,枝叶较正常植株生长旺盛,且极易徒长,造成植株间通风透光性差,植株抗病能力下降。生产上往往采取定期打杈和及时打顶的措施减少枝叶量,控制植株徒长,增加植株间通风透气量,减少各种病害的发生,同时还能促进生殖生长,使薯块尽早形成和膨大。

(4)加强隔离防护措施 微型薯喷雾栽培同基质栽培一样,在生产过程中也要加强隔离防护措施,可以设置黄板对蚜虫等进行诱杀,随时注意检查温室网纱是否有破损之处,并对孔洞、缝隙及时进行补救,防止各种虫害侵入对马铃薯造成危害。

34. 脱毒种薯贮藏期间影响其质量的病虫害有哪些?如何预防?

马铃薯种薯在贮藏期间,由于病害的侵染会造成严重的损失,尤其是在贮藏薯块已经部分受侵染、被机械损坏或表皮幼嫩时,病菌侵入块茎后,呼吸作用加强,细胞组织软化腐烂,严重者会致使块茎不能用作种薯,完全失去种用价值。贮藏期间引起软腐的主要病害有黑胫病、青枯病、环腐病、早疫病、晚疫病等。引起干腐病的主要病害有镰刀菌干腐病、炭腐病、粉痂病等。贮藏期间的主要虫害是马铃薯块茎蛾。

采取以下措施可预防病虫害的发生:一是严格选薯,入窖前严格剔除病、伤和虫咬的块茎,防止入窖发病;二是贮藏窖消毒,新薯入窖前应把窖内打扫干净,用来苏水、苯酚等喷洒窖壁消毒灭菌;三是加强贮藏期间的管理,控制温、湿度,一般情况下,良好的通风和尽可能的低温可减轻真菌、细菌的侵入,块茎蛾在低于10℃时也不活动，低于4℃时死亡。

35. 脱毒种薯贮藏期间如何预防马铃薯生理性病害？

马铃薯种薯贮藏期间影响其种性和质量的生理病害主要有低温冷害，通风不畅和高温所造成的块茎黑心病，另外还有薯块指痕伤和压伤等症状。这些生理病害都将影响马铃薯块茎的商品性。

马铃薯块茎在贮藏中如果长期处于0℃左右的低温，淀粉大量转化成糖分，影响种薯质量；急剧降温达到0℃以下，会使块茎维管束变褐或薯肉变黑，严重时，薯肉薄壁细胞结冰，造成薯肉脱水、萎缩。马铃薯块茎在贮藏时如遇高温和通风不畅，内部供氧不足，会产生块茎黑心病。黑心病的出现与温度关系密切，在温度较低、缺氧的情况下，由于薯块的呼吸强度减弱，黑心症状发展较慢。高温缺氧的条件下，黑心病发展很快，40℃～42℃的高温，1～2天发病；36℃时，3天发病；27℃～30℃时，6～12天发病。种薯发生心腐病时，如果播种，播后薯块将大部分腐烂而不能出苗。

防止块茎黑色心腐病，要在块茎贮藏和运输过程中，避免高温和通风不良；贮藏期间薯层不能堆积过厚，同时薯层之间要留通风道，保持良好的通气性，并保持适宜的贮藏温度。

马铃薯块茎的指痕状伤害是指收获后的块茎，其表面常有1～2毫米的痕状裂纹，多发生在芽眼稀少的部位。指痕伤主要是块茎从高处落地后，接触到硬物或互相强烈撞击、挤压造成的伤害。由于指痕伤的伤口较浅，易于愈合，很少发生腐烂现象，如能在块茎运输或搬运时，适当提高温度，使其尽快愈合，可以减少危害。压伤的发生是块茎入库时操作过猛，或堆积过厚，底部的块茎承受过大的压力，造成块茎承压表面凹陷。伤害严重时则不能复原，并在伤害部位形成很厚的木栓层，其下部薯肉常有变黑现象。提早收获的块茎,由于淀粉积累较少,更易发生这种压伤。为防止指痕伤和压伤的发生,在收获、运输和贮藏过程中,块茎不要堆积过高,尽量避免各种机械损伤和块茎互相撞击。

36. 脱毒种薯生产中病虫害综合防治技术有哪些?

在马铃薯脱毒种薯生产中,由于马铃薯的生理状态和繁殖方式,使得马铃薯病虫害较多,既有真菌、细菌病的侵害,又有病毒病的积累与危害,同时地上植株和地下块茎都受到虫害的威胁,而且病害传播途径多,如土传、虫传、种传等,因此,在病虫害防治方面更要遵循综合防治的原则,采取多方面的措施,结合化学防治,才能达到较好的防治效果,从而保证马铃薯种薯的产量、种性等。

(1)选用抗性品种 首先在品种选择方面,要尽量选择对病虫害有抗性的品种。抗性育种一直以来都受到育种家的重视,目前抗性育种的技术手段不断地发展,从而使得马铃薯的抗性种质资源得以不断地创新。因此,随着时间的推移,会有越来越多的抗性品种被育成并被推广应用。目前,在生产上推广应用的抗性品种有抗晚疫病品种、抗病毒品种、抗旱品种、抗线虫品种、抗疮痂品种、耐盐碱品种、耐低温品种等。因此,在选择品种时,要根据当地种植中存在的主要病虫害发生情况,尽可能地选用相对应的抗性品种。

(2)选用健康种薯 在马铃薯生产中,种薯是传播许多病害、虫害的主要途径之一,如退化的种薯造成病毒病的传播和积累;种薯也是马铃薯晚疫病和青枯病最主要的侵染来源;带病种薯还可能是马铃薯块茎蛾、金针虫和线虫等的传播源;带有细菌病害的种薯通过切刀大面积传播等。因此,选用健康的马铃薯种薯是进行马铃薯病虫害综合防治的基础和关键措施。健康的种薯应当是不带影响产量的主要病毒的脱毒种薯，同时不含通过种薯传播的真菌性、细菌性病害与线虫，有较好的外观形状和合理的生理年龄。

(3)选择良好的土壤环境 马铃薯的许多种病虫害是土壤传播的，这些病虫害主要有晚疫病、青枯病、癌肿病、疮痂病、线虫、地老虎和金针虫等。选择良好的土壤环境种植马铃薯可以有效避免和减少病虫害的发生。因此，在实际生产中，要注意茬口的选择，有可能的地区实行3～5年的轮作，可以有效地保持土壤良好的状态。

(4)采用适当的耕作栽培措施 在生产中，采用适当的耕作栽培措施可有效地防治和减少马铃薯的病虫害危害。这些措施包括大量施用有机肥改善土壤环境、起垄种植、高培土、调整播种期等。此外，在马铃薯生长期间的水分管理和养分管理对防止马铃薯空心和其他生理性病害也有重要的作用。

(5)建立化学防治规程 目前，化学防治还是马铃薯病虫害防治中不可或缺的措施。实践证明，在生产中，总结当地多年的防治经验，因地制宜建立相应的以“防”为主的化学防治规程，及时、准确、有效地使用化学药剂可以达到控制病虫害的发生和蔓延的目的。“及时”指要在病害还没有发生或者刚刚发生时进行防治；“准确”指正确选择化学药剂和正确使用化学药剂；“有效”指建立有效的化学防治周期。同时应当强调的是，化学防治一方面要遵循无公害和生物防治的原则，尽量选用无公害药剂，减少对环境污染，另一方面，应当注意保护天敌，保证生产安全和种薯的安全。

八、采收贮运与马铃薯脱毒种薯生产

1. 采收过程中影响马铃薯脱毒种薯生产效益的关键技术有哪些?

马铃薯脱毒种薯采收质量的高低，是影响脱毒马铃薯产量、商品性和采后贮藏质量的重要因素，进而影响脱毒种薯的生产效益。采收过程中影响脱毒种薯生产效益的关键技术主要有采收期的确定、采收前的各项准备工作、采收方法的选择等。只有采收时间及时得当，采收方法能够提高收获质量，减少损失浪费，才能丰产丰收，提高种薯的商品性和种性，获得较好的生产效益。

2. 采收期对马铃薯种薯生产有什么样的影响?

马铃薯并不像其他许多作物那样等到生理成熟期才能收获，在生产中往往根据栽培目的、市场价格和对块茎的大小需求等情况确定采收期，采收期对种薯生产的产量、质量和生产效益等都有非常重要的影响。种薯采收过早，薯块较小，会造成种薯产量低，同时薯皮尚未完全木栓化，不利于后期贮藏，而且贮藏期间易发生病害，影响种薯生产效益。如果采收过晚，后期高温高湿，同时蚜虫危害严重，各种病菌、病毒再侵染的机会增大，会降低种薯质量。而且收获过晚，由于种薯薯块过大，不适合做种薯，就降低了种薯的利用率，在一定程度上也会影响种薯的生产效益。

3. 怎样确定微型薯的采收期?

马铃薯扦插苗在生育后期,营养和水分的供应逐渐减少直至停止,使其营养生长逐渐减缓和停止。扦插苗在生根后,早熟品种45～60天,晚熟品种80～90天之后植株叶片逐渐开始变黄,2克以上的微型薯薯皮已经成熟和老化时即可进行收获。

4. 怎样确定喷雾栽培生产微型薯的采收期?

马铃薯喷雾栽培生产微型薯的采收期与基质栽培相比较为灵活,采收期也相对较长。当微型薯大小达到要求时即可进行收获。收获分批分次进行,并贯穿整个生长期。

5. 怎样确定脱毒种薯的采收期?

原种及合格种薯生产要求保证种薯的种性与品质,因此收获时应考虑天气和病害对种薯的影响。种薯生产后期正值高温高湿和蚜虫迁飞季节,病害发生和病毒再侵染机会增加。种薯生产往往根据有翅蚜迁飞规律,避开蚜虫活动盛期,在染病植株体内病毒侵染到块茎之前灭秧或早收,从而达到减少种薯再传染病毒的机会。马铃薯植株上的叶片在蚜虫传染病毒后,需要经过7天的时间传到薯块,因此,原种及合格种薯的收获期可以以黄皿诱蚜情况确定,当设在种薯田中的黄皿诱捕到2头有翅桃蚜后,7～10天内即应灭秧或收获。

6. 采收方法对马铃薯种薯生产有什么影响？

马铃薯采收方法有很多，不同的采收方法对种薯生产有一定的影响。采前灭秧可以促使块茎表皮木栓化，提高其耐贮性，同时还可以防止病毒向块茎的转移，提高种薯的种性。选用合适的采收工具和采收方法，可以减少或避免挖掘和运输过程中块茎烂薯、破皮等现象，提高种薯的质量和耐贮性。总之，采用合适的采收方法，可以避免因收获不当而影响种薯的商品性和种性，从而才能在丰产的基础上获得丰收，使马铃薯种薯生产的产量和经济效益达到最大值。

7. 微型薯怎样采收？

微型薯收获前1～2周停止浇水，待基质完全干透、松散时即可进行采收。微型薯采收需要人工进行，目前没有合适的采收工具。采收时可将植株整株拔起，摘下微型薯，然后将苗床中的基质过筛并收获基质中的微型薯。新收获的微型薯含有较高的水分，需要放在筐里或盘子里置于阴凉处晾干，不能在阳光下直晒，晾干后的微型薯经分级后装入网纱等透气性较好的容器中进行贮藏。

为了提高微型薯的单株结薯数，在生产上也可以采取多次采收的方法。多次采收一般分2～3次进行。当植株块茎开始膨大后，基质表面出现较大的鼓包和裂缝时，可开始进行第一次采收。采收时用一只手按住植株根部位置，另一只手在基质鼓起的地方，用拇指和食指伸入基质中将微型薯摘掉。多次采收时，动作要轻缓，要保护好植株的根系和尚未成熟的块茎，每次收获结束后，要及时浇水补肥，促进幼嫩块茎快速膨大和成熟，增加微型薯单株结薯数和产量。

8. 微型薯采收后怎样进行分级?

为了更好地计数和方便原种的生产播种,微型薯收获后有必要进行分级处理,避免因大小不同的微型薯混种而造成出苗不整齐、生产管理不便等问题。微型薯分级可以采用人工分级计数,也可以采用机械分级计数,但无论哪种方法都缺乏统一的分级标准。根据生产经验,人工分级时一般分成 2 克以下、2～5 克、5～10 克和 10 克以上 4 个级别。用分选机械分级时可以按直径分为 7 级:10 毫米以下、10～12.5 毫米、12.5～15 毫米、15～17.5 毫米、17.5～20 毫米、20～25 毫米和 25 毫米以上。

9. 喷雾栽培微型薯采收技术要点是什么?

喷雾栽培生产微型薯一般采用多次采收的方法,采收标准可以根据具体要求而定,凡是达到标准的薯块,要及时采收。采收时操作要小心,尽量减少伤根和碰掉匍匐茎以及没有成熟的小薯块,碰掉的薯块和匍匐茎要及时捡出,以免腐烂污染营养液。

10. 脱毒种薯采收前的准备工作有哪些?

(1)停止浇水 土壤湿度过大造成薯块含水量高,耐贮性降低。因此,种薯收获前 7～10 天停止浇水。

(2)杀秧 当种薯田黄皿诱捕到 2 头有翅桃蚜后,在 7～10 天内进行杀秧,可以有效地阻止蚜虫传播的病毒向新生块茎中转移。

(3)检修收获农具 不论机械或木犁都应修好备用。盛块茎的筐篓要有足够的数量,有条件的要用条筐或塑料筐装运,最好不用麻袋或草袋,以免新收的块茎表皮擦伤。种薯贮藏仓库和临时贮藏所也要提前准备好。

11. 马铃薯采收前为什么杀秧？怎样杀秧？

种薯收获时采取先杀秧后收获的方法较直接收获有更多好处。杀秧只是将马铃薯茎叶用药剂杀死或人工割掉，中断病毒向块茎转移，并可加速土中幼嫩块茎表皮木栓化，避免收获时损伤。

马铃薯采收前除秧的方法有人工除秧和机械除秧两种。南方和中原种植面积较小的地方一般采用人工除秧的方法，即在收获前用镰刀割除薯秧；北方种植面积大的地方一般采用机械除秧，除秧的机械有马铃薯秸秆粉碎机、牵引铲式马铃薯收获机、马铃薯联合收获机等。

杀秧必须彻底，否则重新发芽又会重新感染病毒，并迅速运转到块茎，达不到早收的目的。

12. 脱毒种薯收获时注意事项有哪些？

脱毒种薯无论是采用人工挖掘，还是采用机械收获，都要注意：一是收获应选择在晴天进行，避免阴天、雨天收获；二是使用工具和方法要得当，不要损伤块茎，如发现损伤过多应及时进行纠正；三是种薯生产中，特别是多品种生产中，收获时应分品种收获、存放，严防机械混杂造成种薯纯度降低；四是种薯收获后应在田间适当进行晾晒，但要避免阳光直射，以免灼伤薯皮，降低种薯的耐贮性。

13. 马铃薯种薯贮藏有什么特点？

马铃薯为鲜活多汁的块茎，水分含量高，贮藏过程中对环境非常敏感,要求的贮藏条件也更为严格。马铃薯贮藏的目的是保证食用、加工和种用品质,有计划、均衡地为市场供应商品薯和种薯。贮藏过程中应根据块茎用途不同,采用科学的方法进行贮藏管理。马铃薯种薯贮藏不同于商品薯和加工薯贮藏,它是马铃薯生产过程中密不可分的组成部分,也是种薯体系中最为重要的环节之一。种薯贮藏过程中不仅要尽可能地降低种薯的各种损耗,还要确保贮藏过程中不受病虫害的侵染。更重要的是,种薯在贮藏过程中要保持优良健康的种用品质以利其繁殖和增产,并且使其生理年龄在播种前达到最佳状态,生活力最强。此外,种薯在贮藏过程中还要防止发芽、腐烂以及病害的蔓延和扩展。

14. 种薯贮藏过程中引起块茎损耗的因素有哪些?怎样降低种薯损耗?

马铃薯种薯贮藏期间引起块茎损耗的因素一方面是块茎本身的生理因素,如呼吸、蒸发、发芽等,另一方面是病虫害引起的损耗。

(1)块茎呼吸损耗 块茎通过皮孔吸收贮藏库中的氧气进行呼吸,转化块茎中的碳水化合物,放出二氧化碳,并释放热量。影响呼吸强度的主要因素是温度,温度增高,则呼吸增强,块茎损耗增加;影响呼吸强度的还有块茎的成熟度、损伤等因素,受损伤、未成熟的块茎,还有发芽块茎都有较强的呼吸作用。由于块茎的呼吸损耗,可减少重量的 6.5%～11%。将贮藏温度控制在 2℃～4℃,可以有效降低块茎的呼吸作用,减少损耗。

(2)蒸发损耗 马铃薯块茎中的水分含量为 80%～85%,贮藏期间的损耗,除碳水化合物通过块茎的呼吸作用损耗外,主要的重量损失是块茎内的水分。块茎受伤会引起大量失水,贮藏库中的相对湿度低于 85%时,也会加速块茎中水分的蒸发。一般情况下，贮藏第一个月块茎失水量约为鲜重的1.5%，以后为0.5%～1%。如果窖内相对湿度低于85%，可减少通风，或者利用加湿器增加湿度。

（3）发芽损失 马铃薯块茎贮藏3个月以上，则休眠期结束，如贮藏温度高于5℃，则会发芽。随着贮藏温度、湿度的增加，幼芽生长速度加快，呼吸增强，块茎中的碳水化合物大量转化而消耗。发芽的马铃薯1昼夜内重量要损失0.05%～0.07%，严重时块茎大量失水而皱缩，重量损失巨大。可以采取以下方法抑制马铃薯种薯发芽：一是将贮藏温度控制在2℃～4℃；二是增加散射光，光照能减慢芽的生长，甚至抑制芽的伸长，利用散射光贮藏种薯是一种有效的方法。

（4）病虫害引起的损失 块茎贮藏期间由于病虫害引起的大量烂薯是最大的损耗。贮藏期间，湿度较大时，引起块茎软腐的主要病原有青枯病、环腐病、晚疫病和黑胫病等。湿度较小时，引起干腐的病原有镰刀菌干腐病、粉痂病等。为减少病害导致的烂薯，应创造良好的通风条件，保持块茎薯皮干爽，创造3℃～4℃的低温条件，可降低病害的发生与扩展蔓延。贮藏期间的主要虫害是引起块茎严重损害的马铃薯块茎蛾，若低于10℃贮藏，块茎蛾活动困难，可以有效减少危害和损失。

15. 贮藏期间影响种薯质量的环境因素有哪些？

贮藏期间影响马铃薯种薯质量的环境因素主要有温度、湿度、通风、光照等。

（1）温度 马铃薯贮藏期间的温度调节最为关键。因为贮藏温度是影响块茎贮藏寿命的主要因素之一。环境温度过低，块茎会受冻；环境温度过高会使薯堆伤热，导致烂薯。一般情况下，当环境温度在－1℃～－3℃时，9个小时块茎就冻硬；－5℃时2个小时块茎就受冻。长期在0℃左右环境中贮藏块茎，芽的生长和萌发受到抑制，生命力减弱。高温下贮藏，块茎打破休眠的时间较短，也易引起烂薯。种薯最适宜的贮存温度是1℃～3℃。

(2)湿度 环境湿度是影响马铃薯贮藏的又一重要因素。保持贮藏环境内的适宜湿度，有利于减少块茎失水损耗。但是库(窖)内过于潮湿，一方面会促使块茎在贮藏中后期发芽并长出须根，另一方面还会为一些病菌侵染创造条件，导致发病和腐烂。相反，如果贮藏环境过于干燥，虽可减少腐烂，但极易导致薯块失水皱缩，同样降低块茎的商品性。

(3)通风与光照 种薯在贮藏期间见光，可抑制幼芽生长，防止出现徒长芽。此外，种薯变绿后有抑制病菌侵染的作用，避免烂薯。另外，贮藏期间要注意适量通风，保证块茎有足够氧气进行呼吸，同时排除多余二氧化碳。

16. 贮藏光照对种薯质量有什么影响？

马铃薯块茎不论在贮藏期还是生长期，直射光、散射光都能使块茎变绿，龙葵素含量增加。种薯贮藏期间块茎变绿可抑制病虫侵染而减少烂薯损失。散射光还可以抑制通过休眠期种薯芽的生长，避免幼芽徒长，通过散射光照射的幼芽，播种后能快速生长，这种种薯出苗时间要早于没有催芽的种薯，并且在多数情况下还会增加产量。研究还表明，散射光通常还会增加每个块茎的幼芽数量，这对于具有顶端优势的品种非常有益，因为这些品种在较高贮藏温度下，产生的幼芽数量有限，导致产生的茎和块茎数量也较少，不利于获得高产。利用散射光进行种薯贮藏是热带地区贮藏马铃薯种薯的一项新兴技术，是由国际马铃薯中心的工作人员在20世纪70年代末期研发的，利用该项技术可以使种薯在无须冷藏的情况下保持良好的状况直至播种。

17. 通风对种薯贮藏有什么影响？怎样通风？

马铃薯块茎在贮藏期间的通风，是度过安全贮藏期所要求的重要条件。通风有利于库房内空气的循环流动，并可以除去热、水气和二氧化碳气体。块茎在贮藏期间要进行呼吸，吸收氧气，放出二氧化碳和水分，在通风良好的情况下，空气对流，不会引起缺氧和二氧化碳的积累。贮藏窖内如果通气不良，二氧化碳就会积累，从而引起块茎缺氧呼吸，这不仅使养分损耗增加，而且还会因组织窒息而产生黑心。种薯如果长期贮存在二氧化碳过多的库内，会影响种子活力，造成田间缺苗和产量下降。因此，马铃薯块茎在贮藏窖内，必须保证有流通的清洁空气，保证块茎有足够氧气进行呼吸，同时排除多余二氧化碳。

通风可分为自然通风和强制通风。北方采用土棚窖贮藏块茎时，多用窖门来进行通风换气。当块茎大量入窖以后，要长期开放窖门，使窖内空气流通，以促使块茎的后熟和表皮木栓化。一般永久式贮藏窖，多设进气孔和出气孔，以调节空气的流通。出气孔与进气孔设置的位置与高度必须合理，否则由于设置不当，会使马铃薯块茎在冬季贮藏过程中遭受冻害。为了降低贮藏窖内的温度和控制适当的干燥，可在温度较低的白天与黑夜进行换气。

18. 种薯贮藏方法有哪些？

在不同地区和不同气候条件下，采用不同的窖藏方法进行种薯贮藏对确保种薯的种性和质量起着重要的作用。

(1)室内堆藏　一些地区直接将薯块堆放在室内、竹楼或其他楼板上，也有用棕做成袋子将薯块装入，堆或挂在楼板上的。这种方法简单易行，但难以控制发芽，如配合药物处理或辐射处理可提高贮藏效果。也可用覆盖遮光的办法抑制发芽，此法对多雨季节收获的马铃薯贮藏较为理想。对气候比较寒冷的地区如东北，用室内堆藏法贮藏马铃薯也比较成功。如果进行大规模贮藏，可选择通风良好、场地干燥的仓库，室内消毒后，将经过挑选和预处理的马铃薯进库堆放，四周用木板等围好。为提高空间利用率，也可在室内架藏、码箱等。

(2)地窖贮藏 在避光、阴凉、通风、干燥的室内或室外荫棚下，用砖砌长方形窖，池壁留孔成花墙式，以便通风散热，上面覆盖细沙土 10～15 厘米，稍加压实即可，这种方法适于南方温暖地区。西北地区土质黏重坚实，多用井窖或窑洞贮藏。这两种窖的贮藏量可达 3 000～3 500 千克，由于只利用窖口通风调节温度与湿度，所以保温效果较好，但入窖初期不宜降温，应该进行预冷处理。辽宁北部、吉林、黑龙江等地多用棚窖贮藏。窖内薯堆高度不超过 1.5 米，否则入窖初期堆内温度增高易萌芽腐烂。

(3)地沟埋藏 用于贮藏种薯的地沟东西走向，深 1 米左右，上口宽 1 米，底部稍窄，横断面呈倒梯形，长度可视贮量而定，两侧各挖一排水沟后，让其充分干燥，再放入马铃薯薯块。下层薯块堆码厚度在 40 厘米左右，中间填 15～20 毫米厚的干沙土，上层薯块厚约 30 厘米左右，用细沙土稍加覆盖。在距地面约 20 厘米处设立测温筒，插入 1 支温度表。当气温下降到 0℃以下时，分次加厚覆盖土成屋脊形，以不被冻透为度，保持沟温在 4℃左右。春季气温上升时，可用稻草、麦秆等不易传热的材料覆盖地面，以防埋藏沟内温度急剧上升。

(4)通风库贮藏 城市多用通风库贮藏马铃薯。块茎堆高不超过 2 米，堆内放置通风塔，搞好前期降温，也可装筐码垛，有条件的还可在库内设置专用木条柜装薯块，以便通风，这样贮藏量较大，但成本较高。

(5)冷库贮藏 有冷库条件的地方，可将薯块装入筐或木条箱中，先在预冷间预冷，待块茎温度接近贮藏温度时，再转入冷藏间贮藏，库温应保持在0℃～2℃。在筐(箱)码垛时，要留有适当的通气道，以使堆内温度与湿度均匀一致。贮藏期间应定期检查，发现染病薯块及时剔除，以防蔓延。

(6)散射光种薯贮藏库 散射光可以用于多种不同种薯的贮藏。散射光种薯贮藏库通常就是一个屋棚，推荐使用简单的木质或竹制框架料。屋顶的修建应注意要能使四周的墙壁处于荫蔽中，并能防止阳光长时间直射在贮藏的种薯上，防止过热。种薯通常摆放在搁板或架子上，在大规模贮藏库中，可将种薯堆放在一个托架上，以便于操作。散射光贮藏库的设计并不是固定不变的，针对不同类型的建筑物可通过各种方法进行改进，以便种薯贮藏期间获得充足的光照。

19. 微型薯贮藏注意事项有哪些？怎样贮藏微型薯？

微型薯由于薯块表皮木栓化程度很低，薯块含水量较高，呼吸作用旺盛，对贮藏温湿度要求严格，贮藏期间失水附着在薯块表皮，引起薯块表皮感染和薯块腐烂。因此，增强表皮木栓化程度、减少种薯贮藏期大量失水、减少接触性病菌传染是微型薯高效保鲜贮藏的关键。

(1)微型薯处理 脱毒微型种薯入窖前，薯块应进行严格分级筛选，剔除病、烂、虫咬、机械损伤的薯块。因新收获的微型薯含有较高的水分，需要放在容器里晾干，至薯块表皮由细嫩变为干燥透亮为宜。晾干的微型薯装入网纱袋或塑料筐等透气性强的容器中放进贮藏室贮藏。

(2)贮藏室处理 种薯贮藏前，将贮藏室打扫干净，然后用杀菌剂如50%多菌灵可湿性粉剂800倍液喷洒地面、墙面、窖顶和窖门附近区域，打开通气孔和窖门通风换气，2～3天后开始贮藏薯块。

(3)贮藏期管理 贮藏室最好设置贮藏架，将盛放微型薯的网纱袋或塑料筐按不同品种分别放置在贮藏架上。夏季应注意通风换气，尽量降低贮藏室温度，冬季注意保温防冻。贮藏期间应经常翻动、观察微型薯状况，如有烂薯应及时检出。发现微型薯发芽后，如不到播种期，应人工去芽，并尽量降低室内温度；如临近播种期，可将微型薯在室内摊开见光，抑制种薯发芽的同时还能起到壮芽的作用。

20. 喷雾栽培生产的微型薯贮藏注意事项有哪些？提高雾培微型薯耐贮性的技术措施有哪些？

喷雾栽培生产的微型薯与基质栽培生产的微型薯不同，由于间隔喷雾，整个生长期间几乎没有离开过水，而且整个生长环境是密闭的，微型薯含水量高，皮孔大而开张，病菌极易通过皮孔侵染薯块内部而使块茎感病。因此，喷雾栽培生产的微型薯在贮藏过程中如何降低感病率成了主要的问题。在贮藏过程中可以通过以下技术措施来提高微型薯的耐贮性，降低感病率。

(1)后期减少供液次数 喷雾栽培生产马铃薯微型薯是采用根部喷雾的方式，块茎所处的环境湿度较大而导致微型薯皮孔增大，含水量高，容易感染病菌。因此，在收获前可适当减少营养液单位时间的喷雾次数，这样有利于微型薯的贮藏。

(2)冲洗、晾干、表皮绿化 对于喷雾栽培生产微型薯皮孔开张现象，应注意及时冲洗表面的无机盐残液。用0.5%的多菌灵等杀菌剂喷洒微型薯进行杀菌处理，然后摊开并充分晾干，使薯块表皮及薯肉完全变绿，促进块茎表面伤口快速愈合，表皮木栓化，龙葵素含量升高，增强喷雾栽培微型薯对病虫害的抵抗力，保持微型薯的新鲜度和生活力，提高微型薯的耐贮性，大大延长微型薯的贮藏期。

(3)低温高湿环境贮藏 由于喷雾栽培生产的微型薯的水分含量高，因此贮藏环境应尽可能保证低温、高湿条件，并在贮藏期间经常翻动检查，剔除病薯、烂薯，确保喷雾栽培生产的微型薯安全贮藏。

21. 试管薯贮藏注意事项有哪些？怎样贮藏试管薯？

试管薯诱导培养基糖浓度通常较高，收获后离开无菌的培养环境容易被细菌和真菌侵染，因此，要将粘在试管薯上的培养基彻底冲洗干净，降低感染的机会，减少烂薯的出现。清洗过程中要做到轻拿轻放，防止撞伤薯皮，清洗后的试管薯要在散射光下进行晾晒，待试管薯干燥后再贮藏。由于试管薯块茎体积小，容易失水、失活，所以收获后的试管薯应放在透气的保鲜盒或保鲜袋中，置于4℃冰箱保存。保存过程中应经常翻动，并及时挑拣烂薯。

22. 怎样贮藏脱毒种薯？

科学的贮藏管理是马铃薯种薯安全贮藏的保证。贮藏期间的管理工作主要是通过调节和控制库内的温度和湿度，通风换气以及贮藏病害的防治，使马铃薯块茎的贮藏损失降低到最低限度。根据种用的需要，使马铃薯保持最适形态和生理状态，在播种后能够快速发芽和出苗。脱毒种薯贮藏方法如下。

(1)严格选薯 应选择耐贮藏的品种，使用优质种薯，利用田间管理措施促使马铃薯提前成熟，选择质量好、没有损伤、早收和成熟的薯块贮藏。入窖前严格剔除病、伤和虫咬的块茎,防止入窖发病。

(2)贮藏窖消毒与检查 马铃薯产区的贮藏窖,应用多年,烂薯、病菌常会残留在窖内,新的薯块入窖初期往往温度高、湿度大,堆放中一旦把病菌带到薯块上就会发病、腐烂,甚至造成烂窖。所以,新薯入窖前应把窖打扫干净,并用来苏水、苯酚等喷窖消毒灭菌,而后贮存。

(3)温、湿度控制与通风换气 贮藏期间温湿度的控制,应根据整个贮藏期间的气候变化和薯堆的具体情况进行科学的管理。入窖初期,窖温高、湿度大,这是正常现象,但一般不会超过20℃,20天后窖温下降。长期贮存温度为2℃~4℃,湿度为85%~90%,可使种薯不发芽、不皱缩并保持新鲜。种薯在贮藏期间的最适相对湿度为85%~90%,过于干燥,块茎会失水皱缩;过于潮湿,会导致烂薯。具体标准是薯堆表面既无“出汗”现象,又能保持薯皮新鲜。如果发生“出汗”说明环境潮湿,应及时倒窖,并加强通风换气。新入窖的种薯,为防止湿度过大,可在薯堆顶部覆盖一层干草或麻袋片等,吸收马铃薯堆内放出的潮气,散发水分,防止上层块茎霉烂的同时又可以防冻。如果薯块皱缩,应设法增大空气湿度,但不能直接向薯块上喷水。

(4)抑制发芽 当种薯贮藏温度不能达到低温要求时,可让种薯经常接受散射光的照射,延缓种薯衰老,抑制幼苗生长的同时还可以减少发病。此外,在种薯发芽后更要对其增加光照,可避免幼芽生长细弱,变得粗壮。

(5)挑拣烂薯 贮藏过程中,一般每隔15天左右进行1次薯窖检查,主要包括窖内温、湿度与是否有烂薯。如有烂薯,应及时倒窖,即把薯块全部搬出,挑出烂薯,并将块茎表皮晾干后然后重新入窖。

23. 采取哪些措施可以提高种薯的耐贮性？

马铃薯块茎的耐贮性关系到贮藏的效果和损耗率。块茎的耐贮性除与品种特性有关，与栽培的田间管理也有很大的关系。要保证贮藏质量，首先要做好马铃薯的栽培与田间管理。

(1)避免施用过多氮肥 氮肥施用量过多，会导致茎叶徒长，块茎水分高，干物质积累少，不耐贮藏。为了解决这个问题，可使用氮磷钾复合肥或配方施肥，使茎叶生长与块茎膨大相互协调，增加块茎干物质含量，增强耐贮性。

(2)加强病害防治 带病块茎或烂薯入窖是最大的隐患。因此，在马铃薯栽培过程中加强病虫害的防治，对保证入窖马铃薯的质量是非常重要的。

24. 在种薯运输过程中采取什么措施来保护种薯的质量？

马铃薯本身含有大量水分，对外界条件反应敏感，冷了容易受冻，热了容易发芽，干燥容易软缩，潮湿容易腐烂，破伤容易感染病害等，所以在运输期间要采取措施保护马铃薯种薯的质量。

在运输时采取以下措施可保护马铃薯的商品性：一是尽量选择安全运输期运输马铃薯；二是马铃薯装入运输工具后，要用篷布盖好，冬季运输还要加盖草袋、麻袋或其他保温物，以免遭受雨淋、日晒、霜打和冻害；三是采用包装运输，以便于装卸，又可减少散装运输造成的挤压擦伤现象；四是严防运输过程中的碰、压、擦伤等，尽可能地缩短运输里程和减少装卸次数，以减少节省运费，降低损耗。

25. 什么是马铃薯的安全运输期、非安全运输期和次安全运输期?

马铃薯的安全运输期是自马铃薯收获之日起,至气温下降到0℃时止。这段时间马铃薯正处于休眠状态,运输最为安全。在此期间,应抓紧时间,突击运输。马铃薯的非安全运输期是自气温下降到0℃以下的整个时期。马铃薯的次安全运输期是自气温从0℃回升到10℃左右的一段时间。

26. 在次安全运输期和非安全运输期如何运输马铃薯?

在次安全运输期和非安全运输期,随气温的上升,块茎已度过休眠期,温度达5℃以上,幼芽即开始萌动,长距离运输,块茎就会长出幼芽,消耗养分,影响种薯的种用价值,故应采用快速运输工具,尽量缩短运输时间。在马铃薯的非安全运输期内,为了防止薯块受冻,最好不运输,如因特殊情况需要运输时,必须包装好,加盖防寒设备,严禁早晚和长途运输。

九、农业标准化生产与马铃薯脱毒种薯

1. 什么是农业标准化生产？发展马铃薯标准化生产的意义是什么？

农业标准化生产指运用“统一、简化、协调、优化”的标准化原则，对农业生产的产前、产中、产后全过程，通过制定标准、实施标准和实施监督监管，促进先进农业成果和经验的迅速推广，确保农产品的质量和安全，促进农产品的流通，规范农产品的市场秩序，指导生产，引导消费，从而取得良好的经济、社会和生态效益，以达到提高农业生产水平和竞争力为目的的一系列活动过程。

马铃薯是我国重要的农作物，是继水稻、小麦和玉米之后的第四大粮食作物，我国是马铃薯种植第一大国，因此，发展马铃薯标准化生产是我国农业标准化的不可忽视的一部分。发展标准化生产，对于马铃薯产业本身而言有着重要的意义。

(1)实施马铃薯标准化生产能够提高和保障马铃薯的商品质量 实施标准化生产能够有效控制马铃薯生产的全过程，确保马铃薯产品的商品性。首先，在马铃薯新品种选育方面，根据市场需要，培育优质优良的鲜薯类、淀粉加工类、食品加工类等专用型马铃薯新品种。其次，在农田生长过程中，通过选择优良的马铃薯品种，选择适宜的生产环境，根据品种的特点和环境的特点，并通过采取相应的规程化栽培、规程化水肥管理、规程化病虫害防治措施，充分发挥优良品种的优良品性。最后，收获后按照马铃薯不同用途进行贮藏、保鲜和加工，实现马铃薯产品的标准化，进入商品市场。可见，经过这样的标准化过程，能够有效提高和保障马铃薯商品性，从而提高和保障马铃薯生产者的种植效益。

(2)实施农业标准化能够促进马铃薯商品的国际贸易 我国马铃薯种植面积占世界总面积的四分之一，占亚洲面积的一半，随着马铃薯生产技术的规范，马铃薯单产水平将逐步提高，将有越来越多的马铃薯商品上市，给市场贸易带来压力，如何在满足国内市场的同时开辟马铃薯商品的国际贸易势在必行。通过马铃薯标准化生产，有效保障了马铃薯产品的商品性，尤其可以保障马铃薯产品的安全性状，达到国际贸易中的重点——食品安全指标，为争取马铃薯开拓更大更广泛的国际市场奠定了基础。

2. 我国马铃薯脱毒种薯标准化生产现状与存在问题是什么？

种薯标准化是马铃薯标准化生产中最重要的一部分。我国马铃薯脱毒种薯的标准化发展经历了漫长的过程，早在 20 世纪 70 年代，我国科研工作者就已经开始了脱毒种薯繁育技术的研究和应用，但是直到 2000 年以后，经过 30 年技术研究成果积累，同时在政府加大对农业科研与马铃薯产业的支持力度的基础上，脱毒种薯的应用才迅速发展起来，与种薯繁育相关的标准、规程也相应出台，这标志着我们国家的马铃薯种薯繁育走向标准化生产和标准化管理。发展至今，在十几年的标准化进程中，还突出存在着两大问题。

首先是种薯生产中质量监控体系不健全。种薯质量是马铃薯产业健康发展的基础，尽管我们国家已经颁布了一系列的标准和技术规程，也设置了相应的质检监督部门，农业部建立了两个国家级质量检测中心，但由于马铃薯种薯繁育过程长，环节多，生产区域大，进行马铃薯种薯生产的既有注册的公司，又有未注册的农户，所以仅依靠现有的各地区的监管体系，无法全面检测和监管种薯生产每个环节的质量，种薯质量更多地依赖生产者的自律和行业声誉的约束，种植者主要根据经销者的信誉、生产规模与技术基础来进行选择，对有没有质检证明，或质检证明上标注的内容并不过多关注，对国家标准也没有详细地了解，这就造成了有标准难执行的局面。其次是市场流通环节严重缺乏质量监管。马铃薯与其他作物相比比较特殊，它的种薯和商品薯都是马铃薯的块茎，从外观上无法分辨，在市场流通中，以商品薯充种薯，以次充好、假冒伪劣种薯的现象非常普遍，因此，在重视生产环节质量监管的同时，市场流通环节的质量控制也是保障标准化进程的一个不可忽略的方面。

3. 马铃薯脱毒种薯繁育标准化包括哪几方面？我国现行的相关标准有哪些？

从本书前述内容可以了解到，马铃薯脱毒种薯繁育过程通俗地讲，就是一个茎尖从实验室出发，经过组培苗，经过病毒检测，经过大田筛选，经过组培快速繁殖，走向实验室外的繁育体系，最终成为农民田间种苗的过程。这个过程经历的技术环节和生产环节可以归纳为 4 个方面：一是可用于繁育的脱毒苗的产生；二是组织培养快速繁殖；三是微型薯（试管薯）的生产；四是各级种薯的繁育。从农业标准化的严格意义上讲，以上 4 个环节都需要有标准的制定和规范才能真正保障种薯达到标准化的要求。

随着马铃薯产业的蓬勃发展和脱毒种薯繁育技术的日益成熟，我国先后颁布了一系列的标准和规程，现行相关的标准和规程有：《马铃薯脱毒种薯（GB 18133－2012）》《马铃薯脱毒种苗病毒检测技术规程（NY/T 401－2000）》《马铃薯种薯产地检疫规程（GB 7331－2003）》《马铃薯脱毒种薯生产技术规程（NY/1212－

2006)》《马铃薯种薯生产技术操作规程(NY/T 1606－2008)》《马铃薯脱毒种薯繁育基地建设标准(NY/T 2164－2012)》。

4. 我国现行的马铃薯种薯质量标准是什么?

关于马铃薯种薯方面的质量标准,我国在 2000 年颁布了的 GB 18133—2000,2012 颁布了《马铃薯脱毒种薯(GB 18133－2012)》替代了原有标准,在这项新颁布的标准中对脱毒种薯质量指标可从其中表 3 至表 5 了解。

表 3　各级别种薯田间检查植株质量要求

项　目		允许率[a](%)			
		原原种	原种	一级种	二级种
混　杂		0	1.0	5.0	5.0
病毒	重花叶	0	0.5	2.0	5.0
	卷叶	0	0.2	2.0	5.0
	总病毒病[b]	0	1.0	5.0	10.0
青枯病		0	0	0.5	1.0
黑胫病		0	0.1	0.5	1.0

注:a 表示所检测项目阳性样品占检测样品总数的百分比。

b 表示所有有病毒症状的植株

表 4　各级别种薯收获后检测质量要求

项　目	允许率/%			
	原原种	原种	一级种	二级种
总病毒病(马铃薯 Y 病毒和马铃薯卷叶病毒)	0	1.0	5.0	10.0
青枯病	0	0	0.5	1.0

表5 各级别种薯库房检查块茎质量要求

项 目	允许率/(个/100个)	允许率/(个/50千克)		
	原原种	原种	一级种	二级种
混杂	0	3	10	10
湿腐病	0	2	4	4
软腐病	0	1	2	2
晚疫病	0	2	3	3
干腐病	0	3	5	5
普通疮痂病[a]	2	10	20	25
黑痣病[a]	0	10	20	25
马铃薯块茎蛾	0	0	0	0
外部缺陷	1	5	10	15
冻伤	0	1	2	2
土壤和其他杂质[b]	0	1%	2%	2%

注：a 病斑面积不超过块茎面积的1/5。

b 允许率按重量百分比

在这个标准中，种植者还应当注意的是关于马铃薯原原种的定义，原原种是指用育种家的种子、脱毒组培苗或试管薯在温室、防虫网室隔离条件下生产，经质量检测质量达到本标准要求的用于生产原种的种薯。

5. 我国现行的马铃薯种薯产地检验的主要内容有哪些？

我国现行的马铃薯产地检验的标准是《马铃薯种薯产地检疫规程(GB 7331—2003)》，其主要内容概要包括以下内容。

标准首先规定了马铃薯种薯产地的检疫性有害生物和限定非

检疫性有害生物种类、健康种薯生产、检疫、检验签证等。同时规定了马铃薯产地检验机构和所有繁育、生产马铃薯种薯的单位和个人。并对产地、产地检疫有害生物、限定有害生物、检疫性有害生物、限定非检疫性有害生物，马铃薯健康种薯、马铃薯脱毒种薯等术语进行了定义。其中，种植者一定要了解的是检疫性有害生物包括马铃薯癌肿病、马铃薯甲虫；限定非检疫性有害生物包括马铃薯青枯病菌、马铃薯黑胫病菌、马铃薯环腐病菌。

6. 马铃薯脱毒种苗病毒检测技术规程的主要内容有哪些？

我国颁布的《马铃薯脱毒种苗病毒检测技术规程(NY/T 401—2000)》中，需要种植者特别关注的是病毒检测范围与脱毒种薯繁育中一些术语的标准定义、检测对象、抽样要求，介绍如下。

(1)重要定义

a.脱毒苗是应用茎尖组织培养技术获得的再生试管苗，经检测确认不带马铃薯X病毒、马铃薯Y病毒、马铃薯S病毒、马铃薯卷叶病毒等病毒和马铃薯纺锤块茎类病毒，才确认是脱毒苗。

b.脱毒种薯是从繁殖脱毒苗开始，经逐代繁殖增加种薯数量的种薯生产体系生产出来的。脱毒种薯分为基础种薯和合格种薯两类。基础种薯是指用于生产合格种薯的原原种和原种；合格种薯是指用于生产商品薯的种薯。

基础种薯分为三级，分别为原原种、一级原种和二级原种。原原种指用脱毒苗在容器内生产的微型薯和在防虫网室、温室条件下生产的符合质量标准的种薯或小薯。一级原种指用原原种作种薯，在良好隔离条件下生产出的符合质量标准的种薯；二级原种指用一级原种作种薯，在良好隔离条件下生产出的符合质量标准的种薯。

合格种薯分为二级，分别为一级种薯和二级种薯。一级种薯指用二级原种做种薯，在隔离条件下生产出的符合质量标准的种薯；二级种薯指用一级种薯做种薯，在隔离条件下生产出的符合质量标准的种薯。

(2) 检测对象 马铃薯病毒种类很多，NY/T 401—2000 中明确规定有 5 种病毒、类病毒必须检测，分别是马铃薯 X 病毒、马铃薯 Y 病毒、马铃薯 S 病毒、马铃薯卷叶病毒和马铃薯纺锤块茎类病毒。

(3) 抽样范围 规程中规定，脱毒苗核心材料要求每株都必须检测，扩繁苗随机抽取 1%～2% 检测，田间抽样根据其他相关国标和规程的规定执行。